从零开始读懂

博弈论

深入破解社会暗规则，给每一个想保护和改变自己的人

邢群麟 王艳明◎编著

立信会计出版社
LIXIN ACCOUNTING PUBLISHING HOUSE

图书在版编目（CIP）数据

从零开始读懂博弈论 / 邢群麟, 王艳明编著. -- 上海 : 立信会计出版社, 2019.11

（去梯言）

ISBN 978-7-5429-5984-3

Ⅰ.①从… Ⅱ.①邢… ②王… Ⅲ.①博弈论－通俗读物 Ⅳ.①O225-49

中国版本图书馆CIP数据核字（2019）第212350号

责任编辑　蔡伟莉
封面设计　李爱雪

从零开始读懂博弈论

出版发行　立信会计出版社
地　　址　上海市中山西路2230号　　邮政编码　200235
电　　话　（021）64411389　　传　　真　（021）64411325
网　　址　www.lixinaph.com　　电子邮箱　lxaph@sh163.net
网上书店　www.shlx.net　　电　　话　（021）64411071
经　　销　各地新华书店

印　　刷　北京彩虹伟业印刷有限公司
开　　本　720毫米×1000毫米　　1/16
印　　张　20　　插　　页　1
字　　数　286千字
版　　次　2019年11月第1版
印　　次　2019年11月第1次
书　　号　ISBN 978-7-5429-5984-3/O
定　　价　39.80元

前 言

田忌赛马的故事妇孺皆知，说的是战国时期齐威王和大将田忌赛马。参赛的马被分成上、中、下三等，齐威王的马在每一等级上都比田忌的马好。齐威王原本可以稳操胜券，不料军师孙膑给田忌出了个主意，要田忌用下等马输给齐威王的上等马，然后用上等马和中等马分别赢了齐王的中等马和下等马。三局两胜，最后是处于劣势的田忌取胜。

齐威王为什么会在占优势的情况下输掉比赛？关键在于第一场。在这场比赛中，齐威王虽然取得了胜利，但是却为此付出了巨大的代价——上等马与下等马的实力差距被白白浪费掉了，并直接导致输掉了后面两场。孙膑的主意，其实包含着博弈道理，不愧为一种智慧的策略。

博弈即是一种策略的相互依存状况，一个选择者的选择将会得到什么结果，取决于另一个或另一群有目的的选择者的选择。因此，在博弈中，强者未必胜券在握，弱者也未必永无出头之日。

有这样一个脑筋急转弯的问题：

在什么情况下零大于二，二大于五，五又大于零？

答案是在玩“剪刀——石头——布”游戏的时候。

博弈，就是用这种游戏思维来突破看似无法改变的局面，解决现实中严肃问题的策略。博弈思维，充满着浓郁的艺术气息，它总是可以用一种出人意料的方式做到曲径通幽。

博弈时时存在，处处可见。我们耳熟能详的成语和典故，如围魏救赵、背水一战、暗度陈仓、釜底抽薪、借鸡生蛋、狡兔三窟等都属于博弈策略。也许有人会认为，这些策略只存在于久远的历史当中，与我们今天的现实生活无关，其实事实并非如此。如果我们能够掌握博弈智慧，就能够对这些古老的计谋进行一番理性而系统的审视。我们会发现身边的每一件让我们头痛的小事，从夫妻吵架到要求老板加薪，从球赛或麻将的出招，到股市和基金的投资，都能够借用博弈智慧达到自己的目的。只有在生活和工作的各个方面都把博弈智慧运用得游刃有余，我们才能在人生竞技场中赢得最大的胜算。

目前，博弈方法已成为一种科学的思维方法，被广泛应用于各类实践活动之中，尤其是在领导活动、军事活动、体育活动、生产经营活动、高难度的勘探与控制活动中，可见这种思维智慧的实用价值和巨大力量。

对于学术领域以外的人们，想要利用博弈思维指导自己的人生走向成功，关键就在于活学活用。基于此，我们编写了《从零开始读懂博弈论》一书。本书摒弃了市面上大部分博弈书和思维书那种枯燥的说理和说教，试图通过日常生活中常见的例子以及各种生动、直观的图解，来介绍博弈论的基本思想及运用，并寻求用博弈的思维智慧来指导生活、工作的决策。人们可以在轻松惬意中领会博弈思维的精髓，获取开启人生智慧的金钥匙。

其实，在实际生活中，博弈思维大有用武之地，但我们必须避免生搬硬套。历史上项羽破釜沉舟、背水而战，将士拼死而战，置之死地而后生；而马谡在街亭之战中也采用这个策略，在险地扎营，期望能置之死地而后生，却被魏军阻断水源，招致惨败，这就是一个鲜活的惨痛教训。我们始终要牢记这个真理：理论是灰色的，生活之树常青。

世事如棋局，生存竞争中的每一个人，都是博弈中的棋手。你的每一个行动都会化为棋子，落下即不能反悔，唯有每一步都下得小心谨慎，通篇布局，反复推敲，运筹帷幄，方能决胜于千里之外。

本书2014年出版上市后，受到全国各地读者朋友的喜爱，在淘宝商城的图书专营店中，曾创下每月3000本的销量，而在京东商城发布的2017年度经济类销量榜单中，本书名列第91名。一时之间，出版社和周围的朋友都来向我们道贺，令我们高兴也惶恐，书中的谬误和不足之处，成为我们长久的缺憾。

好在2018年初，我们收到了立信会计出版社的改版邀约。我们立即投入到了书稿的修订工作之中。与第一版相比，我们修改了一些不够严谨的表达和语句，特别是增加了“第九章”。这一章主要从投资和商战的角度，列举了博弈论的具体应用，诸如股市中的博弈、股东间的博弈、企业之间的博弈、与客户的博弈等。对商战和财经感兴趣的朋友，应该会喜爱这部分内容。

感谢读者朋友们对本书的抬爱，愿本书能引领您进入博弈论的精彩世界。

目　录

第三章 经济篇——参透经济学中的博弈思维

第四章 信息篇——信息是博弈成功的筹码

第五章 生活篇——现实生活中的博弈策略

第一章 博弈思维

——逻辑使人决策制胜

>>> 对博弈的理解

>>> 博弈中的策略选择

>>> 什么是博弈思维

>>> 理性！理性！还是理性！

>>> 博弈论更是一种思维方式

>>> 博弈思维是与人“斗心眼儿”的利器

>>> 博弈的均衡——纳什均衡

>>> 博弈思维成就智慧人生

1 对博弈的理解

什么是博弈

通俗地讲，博弈就是指游戏中的一种选择策略的研究。博弈的英文为“game”，我们一般将它翻译成“游戏”。而在英语中，“game”的意义不同于汉语中的游戏，它是人们遵循一定规则的活动，进行活动的人的目的是让自己“赢”。我们在和对手竞赛或游戏的时候怎样使自己赢呢？这不但要考虑自己的策略，还要考虑其他人的选择。生活中博弈的案例很多，只要涉及人群的互动，就有博弈。

比如，一天晚上，你参加一个派对，屋里有很多人，你玩得很开心。这时候，屋里突然失火，火势很大，无法扑灭，此时你想逃生。你的面前有两扇门，左门和右门，你必须在它们之间选择。但问题是，其他人也要争抢这两扇门出逃。如果你选择的门是很多人选择的，那么你将因人多拥挤冲不出去而被烧死。相反，如果你选择的是较少人选择的，那么你将逃生。这里我们不考虑道德因素，你将如何选择？

一个人做选择时必须考虑其他人的选择，而其他人做选择时也会考虑此人的选择。此人的结果——博弈论称之为支付，不仅取决于他的行动选择——博弈论称之为策略选择，同时取决于其他人的策略选择。这样，此人和其他人就构成一个博弈。

博弈的特色

博弈的特色是互动性，就是博弈的参与者至少有两个，即使只有一个人，比如我们考虑今天出门是否带雨伞，也要把天气作为另一个博弈参与者。只要明白了博弈的这个特点，任何事情我们都可以看作是博弈。请看下面这个寓言故事：

有一个人死后升了天，在天堂呆了数日，觉得天堂太单调，于是就请求天使让他去地狱看看，天使答应了他。

我们身边的博弈

博弈作为一种关于策略的理论，并非高不可攀。我们的日常生活中处处存在着博弈。

菜市场上的博弈

买菜是一个次数无限的重复博弈过程，如果摊贩今天骗了你，你以后就不会再到这里买菜。所以，你听了摊贩如此表述后，疑虑顿消，把菜买回了家。

学文学理的博弈

很多学生到高二的时候都很困惑，不知道是学文还是学理。其实，这是一个博弈的过程，一旦作出抉择，必定影响未来的生活走向。

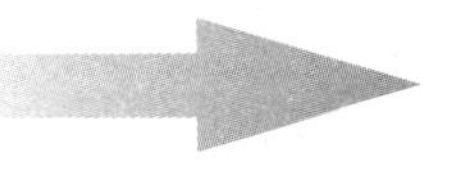

他到了地狱，看到繁花似锦的宫殿、一群群妖媚的美女以及各种美食。他对魔鬼说："今天我决定在这里过夜，听说这里很好玩。"魔鬼同意让他留下来过夜，并派了个美女招待他。

第二天，那人回到天堂。跟地狱比起来，天堂的生活仍然很单调。过了不久，他又开始想念地狱的花天酒地，再次请求天使准许他去地狱。一切都如同上一次，他容光焕发地回到天堂。又过了一阵子，他向天使说他要去地狱永久居住，说完不理天使的劝告，坚决地离开了天堂。

他到了地狱，告诉魔鬼他是来定居的，魔鬼把他迎进去，可这次接待他的是一个蓬头散发、满脸皱纹的老太太。"以前接待我的那些美女哪儿去了？"那人不满又好奇地问。

"朋友，老实跟你说，旅游是旅游，移民却不是一回事！"魔鬼告诉他。

这是一个很简单的故事，但它与博弈有什么关系呢？我们先看里面的局中人，在这个生活场景里有天使、魔鬼、当事人。当事人有两种策略选择：一种是继续待下去，另一种是换个环境比如地狱。这两种选择是他与自己生活状态的一种博弈。如果我们把与他博弈的局中人换成天使，那么他在选择两种策略的时候，就要考虑天使的反应。他想选择第二种策略，去地狱，天使就面临着答应与不答应两种策略。若天使答应他怎么办，若天使不答应他怎么办。当然，最后的策略是天使都答应了。他去地狱后，魔鬼与他进行博弈。用诱惑来吸引他和用丑恶来接待他这两种策略选择中，魔鬼为了留住他，先用第一种策略来吸引。如果魔鬼先用第二种策略的话，当事人肯定要走了，绝不会留在地狱的。魔鬼先选择第一种策略，而等当事人决定留在地狱后，再拿出了第二种策略。魔鬼的每一种策略都是揣摩当事人的意思而定的，他和当事人之间有一个互动关系，如果当事人的策略选择是不留下，魔鬼肯定要换另外的策略，他总是按照当事人可能的策略选择来定自己的策略。

互动是博弈的特色

天使的策略：同意

魔鬼的策略：他来旅行，我得叫美女来接待他。

天使的策略：不同意

魔鬼的策略：旅游和移民不是一回事，上回的美女是专门诱惑你的。

天使面临着答应与不答应两种策略，若答应他怎么办，若不答应他怎么办。

魔鬼为了留住当事人，先用第一种策略来吸引，当事人已经决定留在地狱时，魔鬼又拿出了第二种策略。

博弈的构成

博弈由很多要素构成，每个博弈至少都包含五个基本要素。

1. 局中人

局中人又名决策主体、参与者、博弈者。在一场竞赛或博弈中，每一个有决策权的参与者都成为一个局中人。只有两个局中人的博弈现象称为“两人博弈”，而多于两个局中人的博弈称为“多人博弈”。

博弈中的参与者在游戏里扮演不同角色。比如象棋，有这样几种角色：将、相、士、车、马、炮和卒，俨然一支军队。每个角色都是一次棋局博弈的局中人。当然，比起真实的人生，这个模型过于简单了，但一样可以映射出现实的生活。

在整个人生中，博弈无处不在，因为人们时时刻刻都在想着与他人竞争，时时刻刻都把自己摆在一个局中人的角度。从这个意义上讲，人生本身就是一场博弈，而人则永远是博弈中的局中人。

2. 策略

博弈中有了局中人，就要开始进行策略的选择。一局博弈中，每个局中人都有可供选择的、实际可行的、完整的行动方案。这个自始至终筹划全局的行动方案，称为这个局中人的一个策略。

如果在一个博弈中，局中人都只有有限个策略，则称为“有限博弈”，否则称为“无限博弈”。由于每个人都随时面对各种选择，随时扮演着局中人的角色，所以在人生这场大游戏里，策略的选择异常重要。正所谓“一着不慎，全盘皆输”。

3. 效用

所谓效用，就是所有参与人真正关心的东西，是参与者的收益或支付，我们一般称之为得失。每个局中人在一局博弈结束时的得失，不仅与该局中人自身所选择的策略有关，而且与全体局中人所取定的一组策略有关。所以，一局博弈结束时，每个局中人的得失是全体局中人所取定的一组策略的函数，通常称为支付（pay off）函数。每个人都有自己的支付函数，其实每个人都为自己的每一步行动简单地计算过支付函数中效用的得失，也就是干一件事情值还

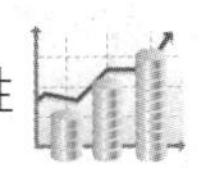

构成博弈的五要素

局中人

在一场竞赛或博弈中，每一个有决策权的参与者都成为一个局中人。

只有两个局中人的博弈现象称为“两人博弈”，而多于两个局中人的博弈称为“多人博弈”。

策略

自始至终筹划全局的行动方案，称为局中人的一个策略。

如果在一个博弈中，局中人都只有有限个策略，则称为“有限博弈”，否则称为“无限博弈”。

效用

所谓效用，就是所有参与人真正关心的东西，是参与者的收益或支付，我们一般称之为得失。

其实每个人都为自己每一步行动，简单地计算过支付函数中效用的得失，也就是干一件事情值还是不值。

信息

博弈中，策略选择是手段，效用是目的，而信息则是根据目的采取某种手段的依据。

在策略选择中，信息自然是最关键的因素，只有掌握了信息，才能准确地判断他人和自己的行动。

均衡

均衡是一场博弈最终的结果。

在供求关系中，如果某商品在某价格下，买方均能买到，卖方均能卖出，该商品的供求达到了均衡。

是不值。

4. 信息

在博弈中，策略选择是手段，效用是目的，而信息则是根据目的采取某种手段的依据。信息是指局中人在做出决策前，所了解的关于支付函数的所有知识，包括其他局中人的策略选择给自己所带来的收益或损失，以及自己的策略选择给自己带来的收益或损失。在策略选择中，信息自然是最关键的因素，只有掌握了信息，才能准确地判断他人和自己的行动。

5. 均衡

均衡是一场博弈最终的结果。均衡是所有局中人选取的最佳策略所组成的策略组合。均衡是平衡的意思。在经济学中，均衡即相关量处于稳定值。在供求关系中，如果某一商品在某一价格下，想以此价格买此商品的人均能买到，而想卖的人均能卖出，此时我们就说，该商品的供求达到了均衡。纳什均衡就是一个稳定的博弈结果。

在上述要素中，局中人、策略、效用和信息规定了一局博弈的游戏规则，均衡是博弈的结果，也是游戏结束的最后结局。

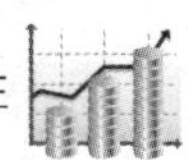

博弈的基本分类

分类标准	博弈类型	具体含义
博弈中参与者是否了解对方的行动，以便采取自己的行动	静态博弈	参与者同时采取行动，或者尽管参与者采取的行动有先后顺序，但后采取行动的人不知道先采取行动的人采取的是什么行动。
	动态博弈	参与者的行动有先后顺序，并且后采取行动的人可以知道先采取行动的人所采取的行动。
参与者都清楚各种对局情况下每人的得益	完全信息博弈	参与者对所有参与者的策略空间及策略组合下的支付有完全的了解。
	不完全信息博弈	不完全信息博弈定义：参与者对所有参与者的策略空间及策略组合下的支付不完全了解或完全不了解。
参与者在博弈过程中是否能够达成一个具有约束性的协议	合作博弈	参与者从自己的利益出发与其他参与者谈判达成协议或形成联盟，其结果对联盟双方均有利。
	不合作博弈	参与者不可能达成具有约束力的协议的博弈。
参与者的得益总和的不同	零和博弈	零和博弈：参与博弈的各方，在严格的竞争下，一方的收益必然意味着另一方的损失，博弈各方的收益和损失相加总和永远为“零”。
	常和博弈	所有参与者的得益总和等于非零的常数。
	变和博弈	随着参与者选择的策略不同，各方的得益总和也不同。

2 博弈中的策略选择

任何一个决策都是由决策主体做出的，如果从决策主体的人数来分，决策分个人决策和群体决策。个人决策是指某一个决策者根据他自己的目标从他备选的策略中选择最优策略的一个过程；群体决策则是指一个至少由两个人组成的群体，在一定的规则下，根据群体各成员的决策而形成一个总的决策的过程。

对于某个决策者而言，其决策环境有两种：其他决策者和自然。其他决策者构成他的决策环境是指这样的情况：决策者的利益与其他决策者的行为选择有关联，其他决策者的利益与该决策者的利益存在关联。此时，决策者的策略选择要考虑其他决策者的策略选择，其他决策者的决策也要考虑该决策者的策略选择。此时的行为选择构成一个博弈。博弈是行为的互动过程，当不存在这样的互动的时候，决策便是面对自然的决策。

生活是由无数的博弈即互动所组成的。我们并不是单独地生活在自然之中，而是生活在群体或社会之中。我们不仅从社会中获得生活必需品，而且也从社会中获得荣誉感和认同感。同时，我们也为社会或者说为他人做出贡献。我们与人群中的其他人组成一个互动的社会，我们依存于这个社会。

由于我们生活在社会之中，我们的决策环境更多的是他人。所以我们进行决策时要考虑我们的策略对他人的影响（这个影响反过来又影响到我们自己），我们也要考虑他人的策略选择对我们的影响。

我们的行动和他人的行动是交织在一起的，我们时刻与他人处于互动即博弈之中。因此，这里所说的策略选择是针对我们与他人处于一个博弈而言，而不讨论人们面对自然的决策。因此，在做决策时要对我们所处其中的博弈局势进行理性分析，正确地做出策略选择，以达到我们所要实现的目标。

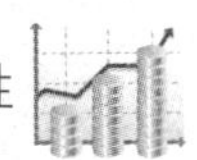

个人决策和群体决策

个人决策

这种一个人在几种备选方案中选择一个最佳方案的方式，就是一种个人决策。个人决策的决策环境会受到自然影响。

群体决策

他下一步会怎么走呢?

我走哪一步能赢他呢?

在下棋的过程中，既要考虑到自己的策略，又要考虑到对方的策略，这种依靠群体成员，最终产生的决策，就称为群体决策。

3 什么是博弈思维

博弈思维是指，当与他人处于博弈之中时，为了实现人生各个阶段的目标，我们主动地运用策略的思维。具体地说，由于我们的目标取决于我们自己的策略选择并且取决于他人的策略选择，我们要使用理性分析，分析各种可能的备选策略以及他人备选的策略，分析这些策略组合下的各种可能后果以及实现这些后果的可能性（概率），从而选择使我们收益最大或者说最能够实现我们目标的策略。做出合理的策略选择是博弈思维的结果。

博弈思维体现了人的理性精神，是一种科学思维。博弈思维认为，我们的任何结果均是决策和行动的产物。正所谓“种瓜得瓜，种豆得豆”，这里的“种”指的是行动，“瓜”“豆”指的是结果。而要得到理想的行动结果，除了依靠我们的理性思维外，别无他法。

我们每个人都是策略的使用者，时刻都面临着不同的行动选择，时刻都在计算着应当采取何种行动。这种选择不仅体现在选择上哪所大学、学哪门专业、从事何种工作等这样的大事上，而且体现在买菜、穿衣服这样的小事上。然而，尽管我们每个人都是策略的使用者，但为什么有的人功成名就，而有的人却一辈子默默无闻？其答案就在于，他是蹩脚的策略使用者还是优秀的策略使用者。优秀的策略使用者会自觉和不自觉地进行博弈思维，把博弈思维贯穿于各种竞争性的活动之中，从而在人生的各个方面取得成功；而蹩脚的策略使用者缺乏博弈思维，他们的策略选择往往是不合理的，这导致了他们在人生中常常失意。当然，我们这里不是在宣扬某种价值观。事实上，成功与否与幸福之间没有必然联系。默默无闻的人可能幸福一辈子，功成名就的人却可能不幸福。我们在此想要表明的是，如果一个人希望成功，那么他就得运用博弈思维，成为优秀的策略家。

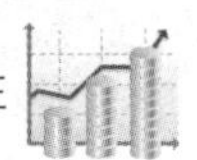

积极进取的思维方式

博弈思维与积极进取的人生态度相一致。

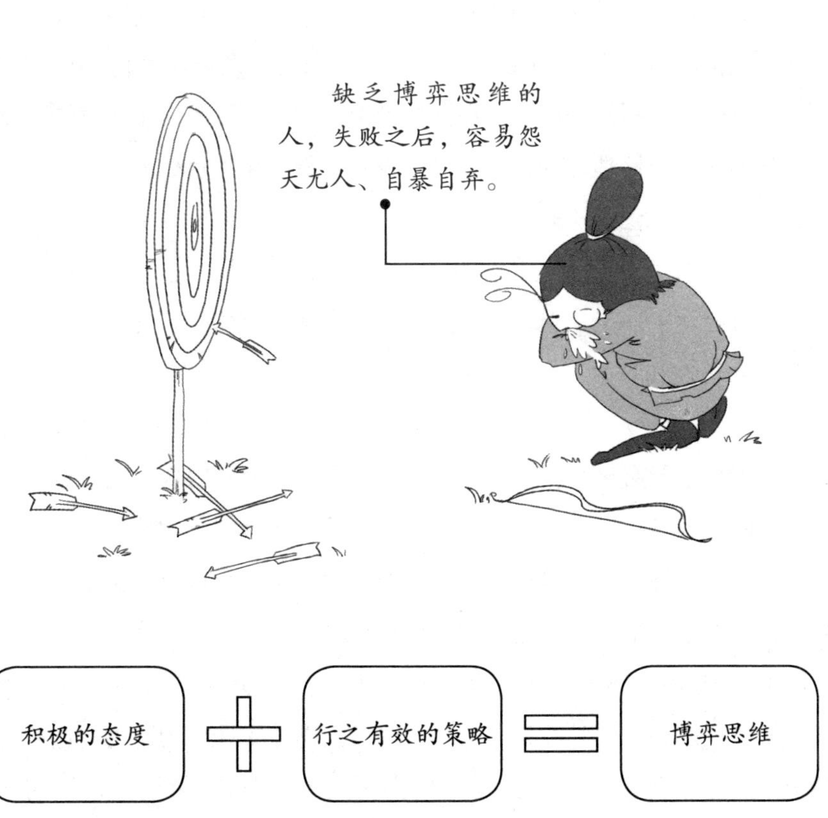

积极的态度 + 行之有效的策略 = 博弈思维

理性！理性！还是理性！

如果有人一定要像剥洋葱一样地剥开博弈思维，看看施展各种博弈技巧的核心是什么，那么他将会看到两个字——理性。

我们的任何结果均是决策和行动的产物，要想得到想要的行动结果，就要依靠理性思维。冲动是魔鬼，冲动更是博弈思维的大敌。

博弈论的基本假设：理性人。

博弈论中有一个基本的假设，那就是博弈的参与者是理性的人。其中的理性是指参与者努力运用自己的推理能力使自己的利益最大化。对于“理性”这个词，有必要进行深入的阐释。

其一，理性的人一定是自利的。

所谓自利，就是追求自身利益的行为和倾向。经济学和博弈论中的自利和社会学中的自私不是一回事。在博弈论中，“自利”是一个中性词。博弈论假设参与者都是纯粹理性的，他们以自身利益最大化为目标。

其二，理性和道德不是一回事。

理性的选择只是最有可能实现自己的目标，而不一定最合乎道德。理性和道德有时会发生冲突，但理性的人也不一定是不道德的。

其三，理性和自由不一定一致。

这一点，很多人都深有体会。小孩子厌倦学习，但父母认为只有好好学习，孩子将来才能有出息，于是，父母和孩子之间展开博弈。父母会根据孩子的行动采取各种各样的激励方案，孩子也会根据父母的行动寻找对策。这时，父母和孩子都是理性的，也都是不自由的。因为父母的自由意愿是让孩子幸福快乐，但理性让他们宁愿让孩子放弃暂时的轻松快乐；孩子的自由意愿是玩耍，但由于知道父母会惩罚他们的玩耍行为，所以理性地选择了并不喜欢的学习。这就是理性和自由的悖论。当然，有时候理性的选择和自由的选择也有可能达成一致，这是最理想的状态。如果一个人的目标不够明确，头脑不够冷静，思路不够清晰，那么他与理性人还有一段距离。

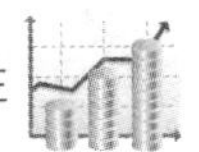

理性的定义

理性：是指参与者努力运用自己的推理能力使自己的利益最大化。

在博弈论中，“自利”是一个中性词。博弈论假设参与者都是纯粹理性的，他们以自身利益最大化为目标。

当然，在现实中，理性的选择和自由的选择也有可能达成一致，这是最理想的状态。

博弈论更是一种思维方式

专门研究相互依赖、相互影响的人群的理性决策行为及这些决策的均衡结果的理论，就是博弈论。它是由冯·诺伊曼和摩根斯特恩在20世纪中期创立的。他们是从研究各种扑克游戏中的各个要素，如虚张声势、使用骗术、猜测对方意图以及一切在规则允许的范围之内的手法，开始创立博弈论的。他们希望找到某种数学结构揭示林林总总的博弈背后的规律，并意识到这些规律完全可以用于人生竞争的各个方面。

博弈论问世不久就得到了学术界的热情肯定。当时有人预言："我们的子孙将把这看作是20世纪上半叶最重要的科学成就之一。"目前，博弈论被广泛应用于经济学、政治学、生物进化学、军事战略问题以及计算机科学等领域。

博弈论的研究方法和许多利用数学工具研究社会经济现象的学科的研究方法一样，都是从复杂现象中抽象出基本的元素，对这些元素构成的数学模型进行分析，因此它被称为"社会科学的数学"。

尽管博弈论以数学为基础（而且本身也是数学的分支学科），但它也有平易近人的一面：即使一个人没有很好的数学基础，也读不懂其中复杂、烦琐的论证过程，仍会有所收获。它的模型案例就如同寓言故事，可以用某种生动、直观的方式揭示现象背后的原理，而且这种揭示过程往往是不乏乐趣的。

与其说博弈论是一门科学，不如说它是一种思维方式。生活在这个世界上的"理性人"都希望实现利益的最大化，而这个目的又不可避免地受到环境、制度和他人的制约，因此人们必须做出选择（也就是策略）。而人们策略的相互作用（这正是博弈研究的课题）又可能导致更多的、更高层次（群体、国家乃至人类）的问题的选择。对于这些问题，我们可能不会找到最佳答案，但是思考这些问题，无疑将大大提高我们的理解能力和决策能力。

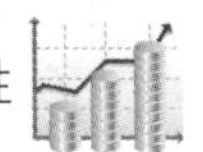

博弈的发展如同一条小河

冯·诺依曼证明了博弈论的基本原理，宣告了博弈论的诞生。

纳什在非合作博弈的均衡分析理论方面作出了开创性贡献。

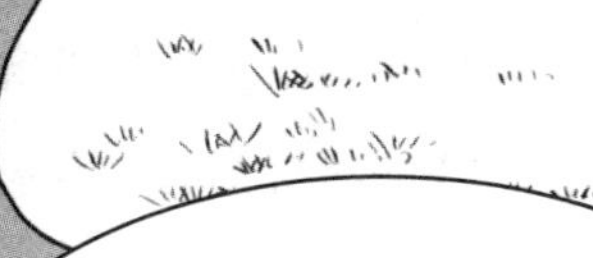

莱因哈德·泽尔腾

莱因哈德·泽尔腾、约翰·海萨尼的研究也对博弈论的发展起到了推动作用。博弈论已经发展成为一门比较完善的学科。

约翰·海萨尼

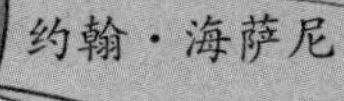

6 博弈思维是与人“斗心眼儿”的利器

学习博弈论的好处在于，它教会我们一种策略化思维，教我们如何与人“斗心眼儿”，帮助我们应对各种人生难题。

公元前203年，楚军和汉军正在广武对峙。当时项羽粮少，欲求速胜，于是隔着广武涧冲着刘邦喊：“天下匈匈数岁者，徒为吾两人矣。愿与汉王挑战，决雌雄，勿徒苦天下之民父子为也。”也就是说，天下战乱纷扰了这么多年，都是因为我们两个的缘故。现在，我们单挑以决胜负，以免让天下无辜的百姓跟着我们而受苦。面对项羽的挑战，刘邦是如何应答的呢？汉王笑谢曰：“吾宁斗智，不能斗力！”意思是说我跟你比的是策略，而不是跟你比谁的武功更高，力气更大。

由此可知，刘邦比项羽更具有策略性思维，他的想法更符合博弈论的道理。现实生活中的很多对抗局势，其胜负主要取决于身体素质或者运动技能，要在这些对抗局势中获胜，只需锻炼身体技能就可以。这样的对抗局势虽然也可纳入博弈论的研究范畴，但是这些并非博弈论研究者们最感兴趣的话题。在更多的对抗局势中，其胜负很大程度上甚至完全依赖于谋略技能。比如一场战争的胜负，往往取决于双方的战略和战术，而不是哪一方的统帅体力更好，武功更高。要在这样的对抗局势中获胜，就需要锻炼谋略技能，也就是刘邦所说的“吾宁斗智，不能斗力”。众所周知，楚汉相争的结局是刘邦赢得了天下，项羽兵败自刎而死。“斗智”才是博弈论研究者深感兴趣的，同时也是我们学习博弈论、运用博弈思维能够有所收获的。

在人生这个竞技舞台上，我们每一个人都渴望成功。运用博弈思维，懂得策略之道，恰恰满足了我们获得成功、避免失败的心理要求，并使我们在所参与的博弈中取得利益的最大化。

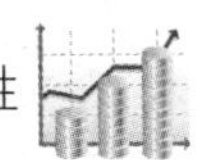

博弈就是斗智不斗勇

楚汉相争，刘邦之所以能够夺得天下，还在于他善于运用策略，懂得博弈。

项羽

刘邦

大战在即，项羽还在妄想以自己的一人之力，解决天下纷争，首先在策略上就降低一筹，为其失败埋下隐患。

刘邦清楚地认识到：一场战争的胜负不在于统帅个人武功的高低，而在于全局战略布局是否得当。刘邦最终赢得了胜利。

博弈思维的好处

- 可以改变一个人在竞争中的处境，增加获得成功的机会。
- 即使是失败，人们也力求将失败的损失减少到最小。
- 使人们在所参与的博弈中取得利益的最大化。

7 博弈的均衡——纳什均衡

无论进行哪一种博弈都会形成一种均衡，在各种均衡中有一个纳什均衡。纳什均衡是博弈的核心概念，那么什么是纳什均衡？

纳什均衡是指，每个博弈参与者都确信，在给定其他参与者战略决定的情况下，他选择了最优战略以回应对手的战略。也就是说，所有人的战略都是最优的。而讲解纳什均衡的最著名的案例就是“囚徒的困境”。

甲、乙两个囚徒联手作案，杀死了一个富翁。为了尽快破案，警察把两人隔离开来，分别进行审讯，并告诉他们：如果都坦白，各判5年刑期；如果一方抵赖，另一方坦白，则坦白方判1年刑期，抵赖方判10年刑期。但事实上，如果甲、乙都抵赖，警察找不到确切证据，只能以扰乱社会治安各判2年刑期。甲、乙两人都面临决择。

显然最好的策略是甲、乙都抵赖，结果是两人都只被判2年刑期。但是由于两人处于隔离的情况下无法串供，按照西方博弈学家亚当·斯密的理论，每一个人都是一个“理性的经济人”，都会从利己的目的出发进行选择。这两个人都会有这样一个盘算过程：假如他招了，我不招，得坐10年监狱，招了才5年，所以招了划算；假如我招了，他也招，得坐5年监狱，他要是不招，我就只坐1年监狱，而他会坐10年牢，也是招了划算。综合以上几种情况考虑，不管他招不招，对我而言都是招了划算。最终，两个人都选择了招，结果都被判5年刑期。原本对双方都有利的策略（抵赖）和结局（被判1年刑期）就不会出现。但是纳什均衡说的是罪犯本身知道对方的策略选择，比如甲认为乙会和他合作，从而选择不招供，这样的话，两个罪犯所采取的策略就是最佳的。这种最佳的均衡就是策略选择的纳什均衡。这是一种合作性的纳什均衡，这种均衡本身正是破解囚徒困境的途径。

在知道对方策略的前提下，寻找一个合理的策略，而这个合理的策略，势必要建立在一个牢固的基点之上，才能切实可行。这样就达到了一个纳什均衡。

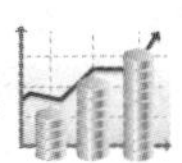

囚徒困境中的纳什均衡

原本拒不招供的囚徒，为什么同时招供了呢？这是因为，两名囚徒在决策时，面临着同一种情况：如果自己不招供，那么结果会比现在差。具体结果如下表所示：

囚徒甲 \ 囚徒乙	坦白	抵赖
坦白	−5，−5	−1，−10
抵赖	−10，−1	−2，−2

囚徒困境中存在唯一的纳什均衡点，即两个囚徒均选择招供，这是唯一稳定的结果。

纳什均衡的重要性：

诺贝尔经济学奖获得者萨缪尔森有一句幽默的话："你可以将一只鹦鹉训练成经济学家，因为它所需要学习的只有两个词：供给和需求。"博弈论专家坎多瑞引申说："要成为现代经济学家，这只鹦鹉必须再多学一个词'纳什均衡'。"由此可见，纳什均衡在现代经济学中占有重要地位。

《红楼梦》里面形容四大家族“一荣俱荣，一损皆损”。这是因为这四个家族中你中有我，我中有你，相互之间有利益的合作，也有亲缘关系，结成一个牢固的联盟。那么，如果两个同时处在困境中的人，也有这种利益、亲缘的双重关系，他们合作起来就会更加容易，而且形成的合力也会更大，正所谓“二人同心，其利断金”。要做到“同心”，仅合作是不够的，还需要一种近乎亲情的亲缘关系。显然，这是可遇而不可求的，因为亲缘关系不是能够随便形成的。《红楼梦》中四大家族属于合作性的博弈，牵一发动全身，都是相关的。他们彼此都知道其他人的策略，并且知道自己选择和他们合作的策略。四大家族绵延一体，不会产生不知道对方策略的困境，每次选择都是一个纳什均衡。比如薛蟠打死人后贾府的庇护，贾家与薛家的选择就成了一个纳什均衡。

纳什均衡犹如一盏明灯，使人们从种种困惑中找到解释其中原因的线索。所以，对于我们来说，了解一些博弈论知识，学会运用博弈思维，是非常必要而有效的。

关系表

《红楼梦》四大家族主要人物关系图

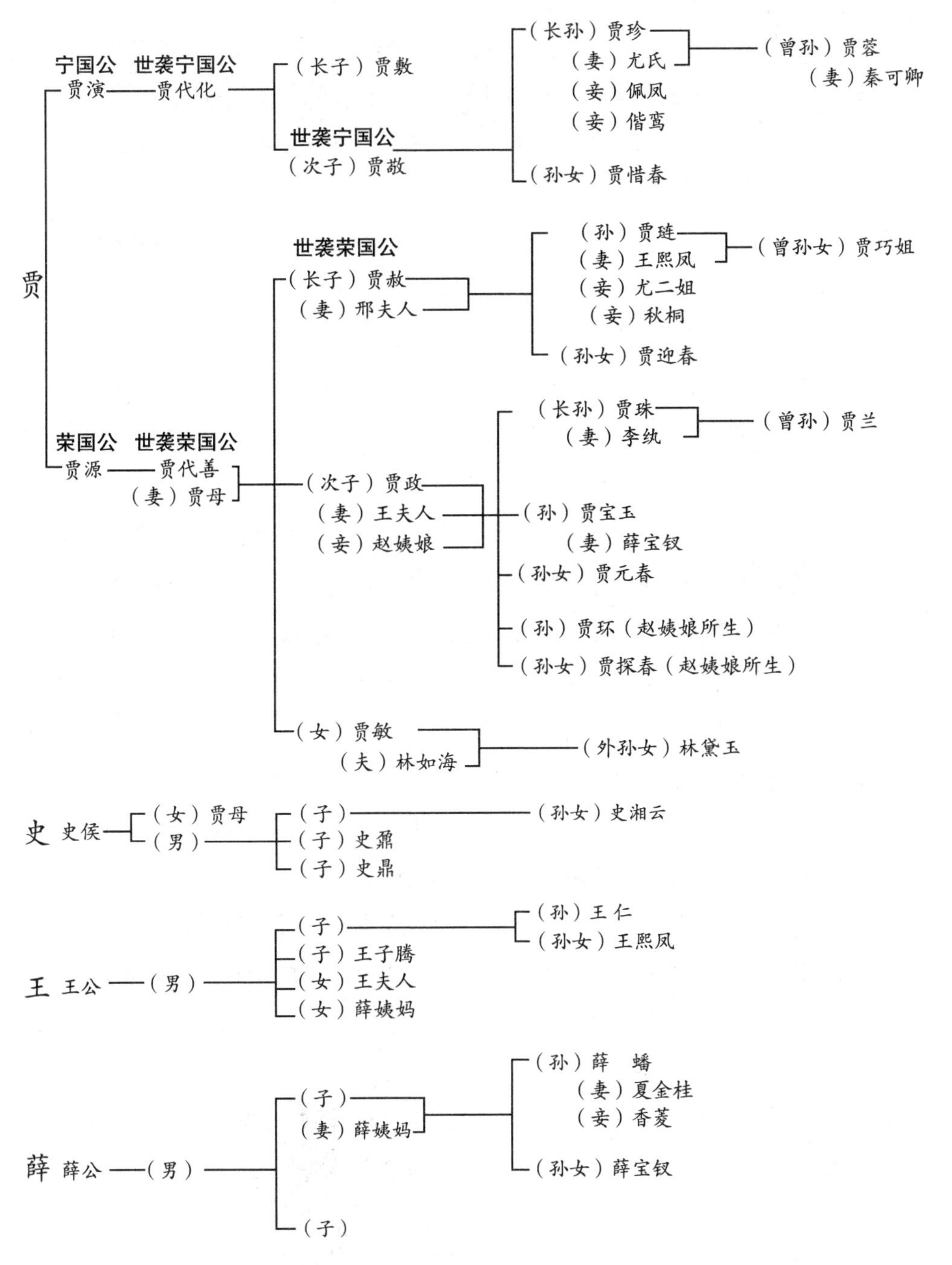

8 博弈思维成就智慧人生

有生活就有博弈。在博弈中，有些时候对手不是别人，而是我们自己。美国第34任总统艾森豪威尔年轻的时候，有一次吃过晚饭后他跟家人一起玩纸牌，一连六盘，他拿到的都是最坏的牌。于是他变得不高兴起来，嘴里开始不停地埋怨。他的母亲停了下来，对他说道："如果你要继续玩下去，就不要埋怨手中的牌怎么样。不管怎样的牌发到手中，你都得拿着。你唯一能做的就是尽你所能，打好手里的每一张牌，求得最好的结果。"

很多年过去了，艾森豪威尔始终记着母亲的话。他按照母亲的话去对待生活，以积极的态度迎接每一次挑战，经过不懈的努力，最终成为美国总统。

2002年获得奥斯卡大奖的影片《美丽心灵》，讲述的是博弈论中纳什均衡的创立者——约翰·纳什的人生历程。

在这部影片中，有这样一个情节：在普林斯顿大学里，几个男生正在酒吧里商量着如何去追求一位漂亮女生。大家想了很多方法都觉得不是最理想的，而这时还在读书的纳什，开始运用他的"博弈论"思维，给男生们出主意："如果你们几个都去追求那个漂亮女生的话，那她一定会摆足架子，谁也不理睬。这个时候，你们再想追求其他的女生，难度也会加大，因为别人会认为你们把她们当成了'次品'。"

几个男生一听，觉得纳什说得很有道理，忙问他应该怎么办。纳什说道："你们应该首先去追求其他女生，那么那个漂亮女生就会感到被孤立了，这时再去追她就容易得多。"纳什的"博弈理论"说服了几个男生，他们开始去追求漂亮女生周围的女生，漂亮女生很快便形单影只。不过这好像是纳什故意安排的，因为他也看上了那个漂亮女生。结果很显然，纳什在博弈中获胜，他成功追求到了漂亮女生。

运用博弈的思维，为自己赢得幸福，不仅仅是数学家和经济学家才能做到，我们也同样可以做到。在困境中，我们尽力做出明智的抉择，实现资源的最佳利用。

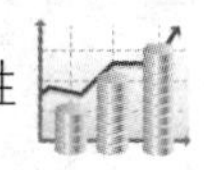

智慧的人生

人生就像打牌一样，无法决定别人手中的牌，那就只有努力把握好自己的牌。

智慧的人生，是不畏艰难勇于探索光明的人生。

第二章 博弈模型

——智慧生存的思维法则

1 斗鸡博弈：针尖对麦芒的困境

在斗鸡场上，两只英勇好战、旗鼓相当的公鸡狭路相逢。在这种情况下，每只公鸡都有两个行动选择：一个是退下来，另一个是进攻。

如果一方退下来，而对方没有退下来，则对方获得胜利；如果一方退下来，对方也退下来，双方则打个平手；如果一方没退下来，而对方退下来，则自己胜利，对方失败；如果双方都前进，则两败俱伤。

因此，对每只公鸡来说，最好的结果是对方退下来，而自己不退，但是这种结果很难实现，而且情况并不在自己的掌握之中。

如果两只公鸡均选择“前进”，结果是两败俱伤，两者的收益是-2个单位，也就是损失2个单位；如果一方“前进”，另外一方“后退”，前进的公鸡获得1个单位的收益，赢得了面子，而后退的公鸡获得-1个单位的收益或损失1个单位，输掉了面子，但没有两者均“前进”受到的损失大；两者均“后退”，两者均输掉了面子，均获得-1个单位的收益或1个单位的损失。

由此可见，斗鸡博弈有两个纳什均衡：一方进另一方退。但是我们无法据此预测斗鸡博弈的结果，因为无从了解谁进谁退，谁输谁赢。

这是博弈论的一个理论模型。它描述的是两个强者在对抗冲突的时候，如何能让自己占据优势，力争得到最大收益，确保损失最小。

在现实中，大到美、苏两大国的冷战，小到两强相遇互不买账的悲剧婚姻，都可以用斗鸡博弈的模型来解释。

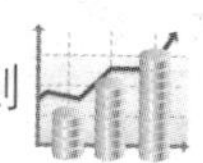

狭路相逢的智慧

斗鸡困境

斗鸡博弈又称胆小鬼博弈，是指旗鼓相当的斗鸡，狭路相逢，谁都不肯让步，造成两败俱伤的一种局面。

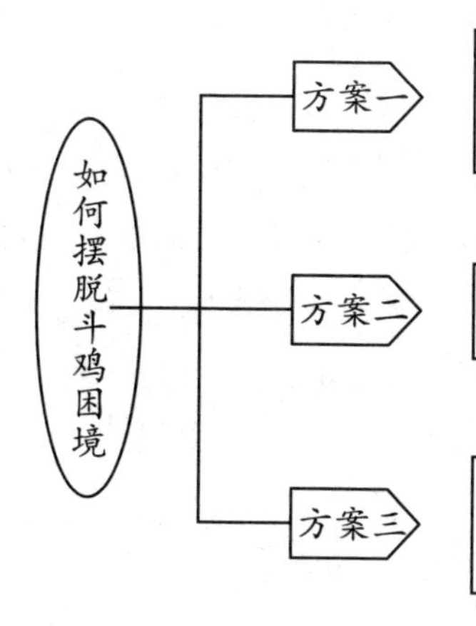

如何摆脱斗鸡困境

- 方案一：妥协。在有进有退的斗鸡博弈中，退的一方可能会有所损失并丢失面子，但总比伤痕累累甚至丧命强。
- 方案二：让对手主动退出。向对方说明博弈的现实结果，把选择权交给对方。
- 方案三：凡事且留三分余地。与人打交道发生冲突时，要懂得适可而止，不要过分嚣张，给事情留下挽回的余地。

2 赌徒博弈：注定要输的游戏

约翰·斯卡恩在他的《赌博大全》一书中写道："当你参加一场赌博时，你要因赌场工人设赌而给他一定比例的钱，所以你赢的机会就如数学家所说的是负的期望。当你使用一种赌博系统时，你总要赌很多次，而每一次都是负的期望，绝无办法把这种负的期望变成正的期望。"

这就从客观上点明了赌博注定会输的原因。举例说：假如你和一个朋友在家里玩"猜硬币"，无论谁输谁赢，这都是一个零和游戏——一个人赢多少钱，另一个人就输多少钱，不必要花费成本（其实这样说并不准确，你们都要花费时间成本）。但是在赌场中就不同了，赌场有各种成本投入，如设备、人员、房租等，更何况赌场老板还要赚钱，这些开销都要摊到赌客身上。姑且把这些开销低估为10%，也就是说，赌客们拿100元来赌，只能拿走90元，长期下去，每个人的收入肯定小于支出。

赌博就是赌概率，概率的法则支配所发生的一切。以概率的观点，就不会对赌博里的输赢感兴趣。因为虽然每一次下注是输是赢，都是随机事件，背后靠的是个人的运气，但作为一个赌客整体，概率却站在赌场一边。赌场靠一个大的赌客群，从中抽头赚钱。而赌客如果不停地赌下去，构成了一个大的赌博行为的基数，每一次随机得到的输赢就没有了任何意义。在赌场电脑背后设计好的赔率面前，赌客每次下注，都没有了意义。

赌博游戏其实都是一样的，背后逻辑很简单：长期来看，肯定会输，不过在游戏过程中，也许会有领先的机会。如果策略对头，也许可以在领先时收手。但多数情况是，当一个人领先之后，继续赢的欲望便会诱使他再一次下注，于是一个赌徒便出现了。而赌徒所玩的是一个必输的游戏。因为对于一个豪赌者而言，赢的概率是非常低的。

注定失败的游戏

从短期来看，赌博会有一些赢的概率，从长期来看，这的确是一场必输的游戏。

人的冒险本性和总希望有意外惊喜的本性，使得赌博可以作为一种娱乐。既可以怡情、益智，又可以交际。

如果抱着一夜暴富的贪心，嗜赌成瘾，必然会倾家荡产。

破衣服

华丽的衣服

理性的博弈思维有四个方面

增强自我分析能力	进行信息战	弱化对手理性判断力	避免做出错误的策略决策
在策略选择时，详尽的理性分析是必需的，不提倡“拍脑袋”的做法。	信息是出正确选择的关键，通过发出正确的信息或错误的信息，可以使对手作出有利于自己目标的选择。	在某些博弈中，可以通过某种策略使对方的理性能力降低，从而使自己有效地实现目标。	当自己无法与敌人抗衡时，或者没有十足获胜的把握时，保存实力是最好的策略。

3 智猪博弈：行动之前开动脑筋

假设猪圈里有一头大猪、一头小猪，它们在同一个食槽里进食。猪圈的一头有食槽，另一头安装着控制猪食供应的按钮。按一下按钮会有10个单位的猪食进槽，但是谁按按钮就会首先付出2个单位的成本。若大猪先到槽边，大小猪吃到食物的收益比是9：1；同时到槽边，收益比是7：3；小猪先到槽边，大小猪收益比是6：4。那么，在两头猪都有智慧的前提下，最终结果是小猪选择等待。

实际上小猪选择等待，让大猪去按控制按钮的原因很简单：在大猪选择行动的前提下，小猪也行动的话，小猪可得到1个单位的纯收益（吃到3个单位食品的同时也耗费2个单位的成本）。而小猪等待的话，则可以获得4个单位的纯收益，等待优于行动。在大猪选择等待的前提下，小猪如果行动的话，小猪的收入将不抵成本，纯收益为-1个单位。如果小猪也选择等待的话，那么小猪的收益为零，成本也为零。总之，等待还是要优于行动。

智猪博弈模型可以解释为占有更多资源者，就必须承担更多的义务。

智猪博弈存在的基础，就是双方都无法摆脱共存局面，而且必有一方要付出代价换取双方的利益。而一旦有一方的力量足够打破这种平衡，共存的局面便不复存在，期望将重新被设定，智猪博弈的局面也随之被瓦解。

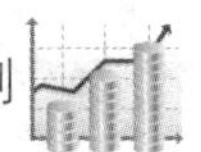

寻找自己的优胜战略

智猪博弈：一种谁占有资源多，谁付出就多的博弈模型。

智猪博弈分析

小猪 大猪	按	等
按	7∶3	9∶1
等	6∶4	0∶0

由此表看出，等待才是小猪的最优策略，所以，小猪只是坐享其成地等待，而大猪去按按钮，小猪先吃，大猪再赶来吃。

总结：在智猪博弈中，“小猪躺着大猪跑”这样的客观事实，为“小猪”们提供了一个十分有用的思维模式，那就是“借势”。很多时候，一个人如果仅仅依靠自己的力量是无法完成一番大业的，只有依靠“大猪”才能强壮自己。

4 酒吧博弈：胜利者永远只是少数

酒吧博弈理论是美国经济学家阿瑟提出的，其理论模型是这样的：

假设一个小镇上总共有100人很喜欢泡酒吧，每个周末均要去酒吧活动或是待在家里。这个小镇上只有一间酒吧，能容纳60人。并不是说超过60人就禁止入内，而是因为设计接待人数为60人，只有60人时酒吧的服务最好，气氛最融洽，最能让人感到舒适。第一次，100人中的大多数去了这间酒吧，导致酒吧爆满，他们没有享受到应有的乐趣，多数人抱怨还不如不去。于是第二次，人们根据上一次的经验，决定不去了。结果呢？因为多数人决定不去，所以这次去的人很少，去的人享受了一次高质量的服务。没去的人知道后又后悔了：这次应该去呀。

问题是，小镇上的人应该如何做出去还是不去的选择呢？

小镇上的人的选择有如下前提条件的限制：每一个参与者面临的信息只是以前去酒吧的人数，因此只能根据以前的历史数据归纳出此次行动的策略，没有其他的信息可供参考，他们之间也没有信息交流。

在这个博弈的过程中，每个参与者都面临着一个同样的困惑，即如果多数人预测去酒吧的人数超过60人而决定不去，那么酒吧的人数反而会很少，这时候做出的预测就错了。反过来，如果多数人预测去的人数少于60人，因而去了酒吧，那么去的人会很多，超过了60人，此时他们的预测也错了。也就是说，一个人要做出正确的预测，必须知道其他人如何做出预测。但是在这个问题上每个人的预测所根据的信息来源是一样的，即过去的历史，而并不知道别人当下如何做出预测。

酒吧博弈的核心思想在于，如果我们在博弈中能够知晓他人的选择，然后做出与其他大多数人相反的选择，就能在博弈中取胜。

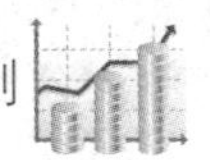

作出相反的选择

酒吧博弈中的顾客，犹如不断翻转着的沙漏里的沙子，一窝蜂地涌向沙漏的另一端。

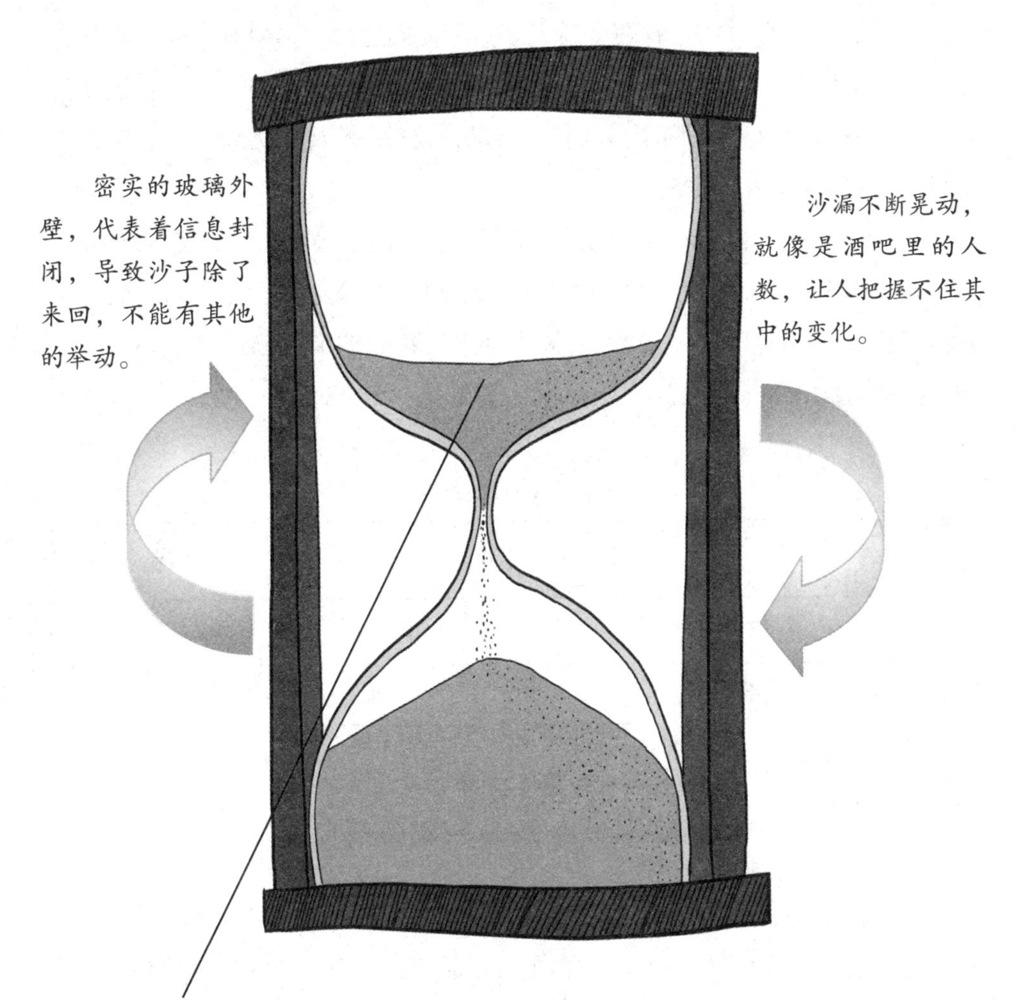

5 猎鹿博弈：合作创造奇迹

猎鹿博弈源自启蒙思想家卢梭的著作《论人类不平等的起源和基础》中的一个故事。

在古代的一个村庄，有两个猎人。为了使问题简化，假设主要猎物只有两种：鹿和兔子。如果两个猎人齐心合力，忠实地守着自己的岗位，他们就可以共同捕得1只鹿；要是两个猎人各自行动，仅凭一个人的力量，是无法捕到鹿的，但可以抓住4只兔子。

从能够填饱肚子的角度来看，4只兔子可以供1个人吃4天；1只鹿可以供2个人共同吃10天。也就是说，对于两位猎人，他们的行为决策就成为这样的博弈形式：要么分别打兔子，每人得4；要么合作，每人得10。如果一个去抓兔子，另一个去打鹿，则前者收益为4，而后者只能是一无所获，收益为0。这就是这个博弈的两个可能结局。

猎鹿博弈一览表

猎人乙 / 猎人甲	猎鹿	猎兔
猎鹿	10，10	0，4
猎兔	4，0	4，4

比较猎鹿博弈，明显的事实是，两人一起去猎鹿的好处比各自打兔子的好处要大得多。猎鹿博弈启示我们，双赢的可能性是存在的，而且人们可以通过采取各种举措达成这一局面。

但是，有一点需要注意，为了取得共赢，各方首先要做好有所失的准备。在一艘将沉的船上，我们所要做的并不是将人一个接着一个地抛下船去，减轻船的重量，而是大家齐心协力地将漏洞堵上。因为谁都知道，前一种结果是最终大家都将葬身海底。在全球化竞争的时代，共生共赢才是企业的重要生存策略。为了生存，博弈双方必须学会与对手共赢，把社会竞争变成一场双方都得益的正和博弈。

猎鹿博弈中的合作与共赢

共赢是最好的生存策略

在猎鹿博弈中，两人一起打鹿比各自为政的好处要多，无论是在工作中，还是在生活中，合作双赢的可能性是存在的。

合作之前要有三种好心态

要认识到“利己”不一定要建立在“损人”的基础上，通过有效的合作，能够出现共赢的局面。	不论在哪一个专业领域，仅凭一己之力很难达到事业的顶峰。	合作时要注意公平原则，如果分配不均，势必会使双方热情受损。

6 蜈蚣博弈：学会以结果为导向思考问题

蜈蚣博弈是由罗森塞尔提出的。蜈蚣博弈的原型为：A、B两个人，可以采取合作或者背叛两种策略，若选择背叛就不能继续博弈了。假如要博弈100场的话，那么A、B两人的收益情况如下图所示：

A — B — A — B — A —……B — A — B — A — B—（100,100）

| | | | | | | | | |

(1,1) (0,3) (2,2) (1,4) (3,3) (96,99)(98,98)(97,100)(99,99)(98,101)

注：—代表合作，|代表背叛。

由于这一图形看起来像一条蜈蚣，所以此博弈模型被称为蜈蚣博弈。在上述蜈蚣博弈中，如果A、B两人都一直采用合作的策略，那么结果两个人的收益都是100，这无疑是一个让人满意的结果。但问题是，对于B来讲，还存在着比一直合作更优的策略，那就是在最后一步选择背叛，这样他就可以得到101的收益了。而对这一点，A、B两人心里都很清楚，A因为知道B会在最后一步博弈，所以在倒数第二步就选择了背叛；B知道A会在倒数第二步背叛，于是在倒数第三步背叛……这样倒推下去，结果必定是A在第一步就选择背叛，A、B两人的收益分别为（1，1）。

这个结果让人感到沮丧和遗憾，本来两人有希望得到（100，100）的收益，可最终的结果却是（1，1），这个结果违反了人的直觉，与原本的期望值相差甚远。所以，此博弈也被称为蜈蚣博弈悖论。

但是在现实中，情况并没有这么糟糕。因为现实中的人们可以事先达成一致意见，然后再进行决策。倒是其中的倒推法，在一定的条件下会成为我们分析问题的有效工具。

向前展望与向后推理

蜈蚣博弈的机理是根据最终的结果向前推理，一直推到目前所能采取的最优策略。

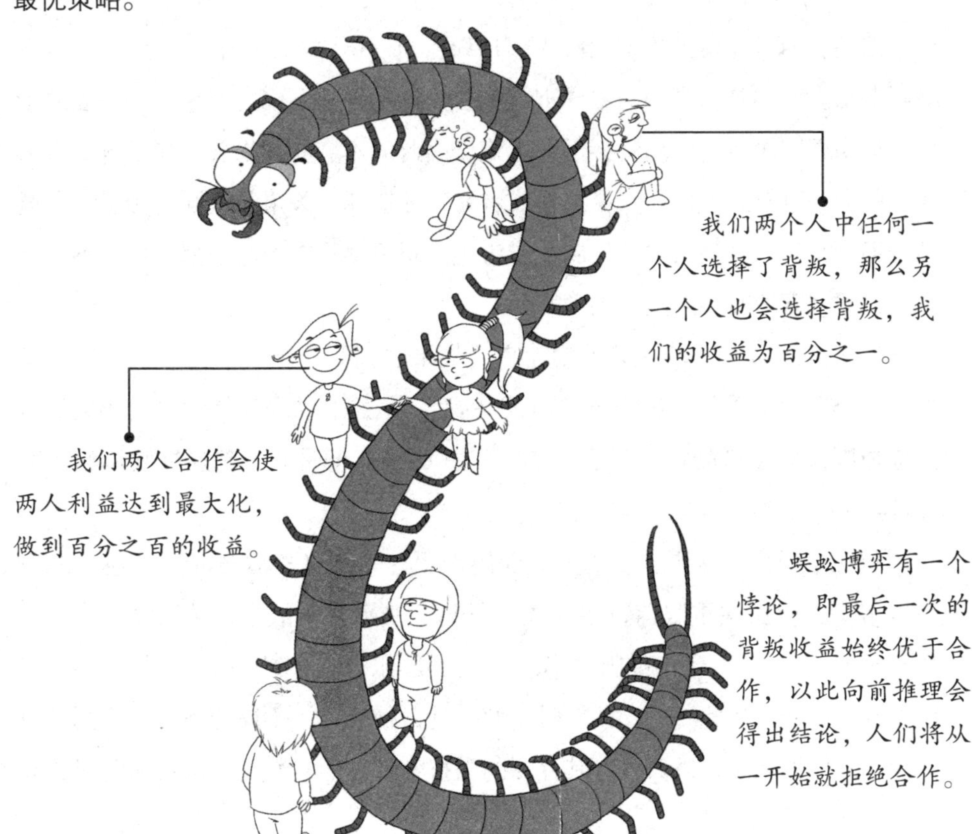

要想在蜈蚣博弈中取得最大利益，就要放弃部分利益以求共存。在通常情况下，只有充分考虑他人的利益，自己的利益才能得到最切合实际的保障。

7 鹰鸽博弈：强硬与温和的演绎

有一种博弈，两方进行对抗有侵略型与和平型两种战略，称为鹰鸽博弈。

鹰搏斗起来总是凶悍霸道，全力以赴，孤注一掷，除非身负重伤，否则绝不退却。而鸽是以高雅的方式进行威胁、恫吓，从不伤害对手，往往委曲求全。如果鹰同鸽搏斗，鸽就会迅即逃跑，因此鸽不会受到伤害；如果鹰跟鹰搏斗，就会一直打到其中一只受重伤或者死亡才罢休；如果是鸽同鸽相遇，那就谁也不会受伤，直到其中一只鸽让步为止。每只动物在搏斗中都选择两种策略之一，即“鹰策略”或是“鸽策略”。

对于为生存竞争的每只动物而言，如果“赢”相当于“+5”，“输”相当于“–5”，“重伤”相当于“–10”的话，最好的结局就是对方选择鸽而自己选择鹰策略（自己+5，对手–5），最坏的结局就是双方都选择鹰策略（双方各–10）。

相比来说，鹰派更注重实力，而鸽派更注重道义；鹰派注重利益，鸽派注重信义；鹰派注重眼前，鸽派注重长远；鹰派注重战术，鸽派注重战略；鹰派倾向于求快，鸽派倾向于求稳。但是，鹰派与鸽派到底哪个更好一些，恐怕难以一概而论。此一时，彼一时，此一处，彼一处，不同的条件、不同的目标等因素使得鹰派、鸽派各有其存在的根据和发展的空间，应该具体情况具体对待。

鹰鸽演进博弈的稳定演进策略共有三种：一种是鹰的世界，即霍布斯的原始丛林；一种是鸽的天堂，即各种乌托邦；还有一种是鹰鸽共生演进的策略，即混合采取强硬或者合作的策略。

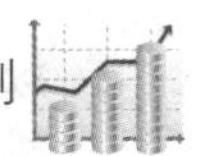

鹰与鸽——强硬与温和的演绎

鹰鸽博弈是指进行对抗时的两种不同的对抗策略，即如鹰般地凶狠强硬和如鸽子般地温和隐忍。

斗鸡博弈与鹰鸽博弈的对比

斗鸡博弈	鹰鸽博弈
两个兼具侵略性的个体	两个不同群体的博弈
斗鸡博弈中双方得益对称	鹰鸽博弈中双方得益不对称

8 枪手博弈：弱者的生存智慧

A、B、C三个彼此仇视的枪手，在街上不期而遇，瞬间氛围紧张到了极点。在这三个人中，A的枪法最好，十发八中；B的枪法次之，十发六中；C的枪法最差，十发四中。

这时，如果三人同时开枪，并且每人只开一枪，第一轮枪战后，谁活下来的机会大一些？很多人认为A的枪法好，活下来的可能性大一些，但结果并非如此，存活概率最大的是枪法倒数第一名的C。其实，只要分析一下各个枪手的策略，就能明白其中的原因了。

枪手A的最佳策略是先对枪手B开枪。因为B对A的威胁要比C对A的威胁更大，A应该首先杀掉B。同理，枪手B的最佳策略是第一枪瞄准A。B一旦将A杀掉，再和C进行对决，B胜算的概率自然大很多。枪手C的最佳策略也是先对A开枪。B的枪法毕竟比A差一些，C先把A杀掉再与B进行对决，C的存活概率要高一些。

如果改变游戏规则，假定A、B、C不是同时开枪，而是他们轮流开一枪。

先假定开枪的顺序是A、B、C，A一枪将B杀掉后（80%的概率），就轮到C开枪，C有40%的概率一枪将A杀掉。即使B躲过A的第一枪，轮到B开枪，B还是会瞄准枪法最好的A开枪。即使B这一枪杀掉了A，下一轮仍然是轮到C开枪。无论是A还是B先开枪，C都有在下一轮先开枪的优势。

如果是C先开枪，情况又如何呢？C可以向A先开枪，即使C打不中A，A的最佳策略仍然是向B开枪。但是，如果C打中了A，下一轮可就是B开枪打C了。因此，C的最佳策略是胡乱开一枪，只要C不打中A或者B，在下一轮射击中他就处于有利的形势。

从这个模型中我们发现，三个枪手中实力最强的A的存活率最低，结局最惨。枪手博弈告诉我们：一位参与者最后能否胜出，不仅仅取决于自己的实力，更取决于实力对比关系以及各方的策略。

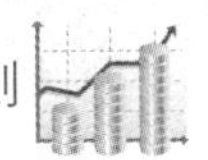

弱者的生存智慧

A、B、C三人决斗，枪法优劣递减，最优秀的枪手倒下的概率最高，而最蹩脚的枪手存活的希望却最大。

9 重复博弈：蛰伏中的理性较量

重复博弈是一种特殊的博弈。在博弈中，相同结构的博弈重复多次，甚至无限次。我们知道，在单个的囚徒困境博弈中，双方采取对抗的策略可使个人收益最大化。假设甲、乙两人进行博弈，甲、乙均采取合作态度，双方的收益均为50元；甲合作、乙对抗，则甲的收益为0，乙的收益为100元；乙合作、甲对抗，则甲的收益为100元，乙的收益为0；甲、乙两人均对抗，则双方收益均为10元。由此我们可以看到，如果双方都合作，每个人都将得到50元，而如果双方都对抗，则各自只能得到10元。那么人们为什么还会选择对抗而不是合作呢？原因就在于这是一个一次性博弈的囚徒困境——既然无论对方选择什么，选择对抗都是我们的最优策略，那么只要我们稍微理性一点，就会自然选择对抗。

如果就一次性博弈来说，对抗是必然的结果。但是，如果甲、乙具有长期关系（比如他们是生意上的长期合作者），那么情况则有所改观。因为我们可以做如下推理：如果双方一直对抗，那么大家每次都只能获得10元的收益，而如果合作，则每次都可得到50元。最重要的是，假定甲选择合作而乙选择对抗，那么乙虽然在这一次可以多得到50元（100-50），但从此甲不会再与他合作，乙就将会损失以后所有能得到50元的机会。因此从长远利益来看，选择对抗对双方而言并不聪明，合作反而是两人最好的选择。

这也真实地反映了日常生活中人们合作与对抗的关系。比方说，在公共汽车上，两个陌生人会为一个座位争吵，因为他们彼此知道，这是一次性博弈，吵过了谁也不会再见到谁，因此谁也不肯吃亏；可如果他们相互认识，就会相互谦让，因为他们知道，两者以后还会有碰面甚至交往的可能。两个朋友因为什么事情发生了争吵，如果不想彻底决裂，通常都会在争吵中留有余地，因为两人日后还要重复博弈。

一次博弈与重复博弈

一次博弈：在公共场所，两个陌生人会为一个座位争吵不休，因为他们知道，这是一次性博弈，吵过了谁也不会再见到谁。

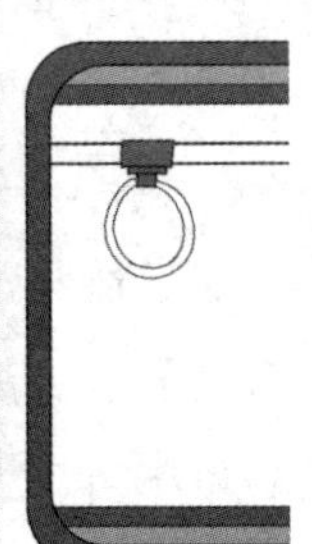

多次博弈：两个熟人见面一定会互相谦让，因为两人以后还有交往的可能。

总结：囚徒困境只在一次性博弈情况下明显，一旦博弈开始陷入重复，合作即将到来。在生活中，我们如何提高合作性呢？应注意以下几点：

不要耍小聪明，占对手便宜更是应当尽量避免。

10 策略博弈：亮出手中的优势牌

按照博弈论的观点，各方均有一个优势策略的博弈是最简单的一种博弈。虽然其中存在策略互动，却有一个可以预见的结局：全体参与者都会选择自己的优势策略，完全不必理会其他人会怎么做。

但并不是所有博弈都有优势策略，哪怕这个博弈只有一个参与者。实际上，优势与其说是一种规律，不如说是一种例外。虽然出现一个优势策略可以大大简化行动的规则，但这些规则却并不适用于大多数现实生活中的博弈。这时候我们必须用到其他原理。

一个优势策略优于其他任何策略，同样，一个劣势策略则劣于其他任何策略。假如我们有一个优势策略，应该选择采用，并且知道对手若是有一个优势策略他也会照办；同样，假如我们有一个劣势策略，我们应该避免采用，并且知道对手若是有一个劣势策略他也会规避。

假如我们只有两个策略可以选择，其中一个是劣势策略，那么另一个一定是优势策略。因此，与选择优势策略做法完全不同的规避劣势策略做法，必须建立在至少一方拥有至少两个策略的博弈的基础之上。在没有优势策略的情况下，我们要做的就是剔除所有劣势策略，不予考虑，如此一步一步做下去。

假如在这么做的过程当中，在较小的博弈里出现了优势策略，应该一步一步挑选出来。假如这个过程以一个独一无二的结果告终，那就意味着你找到了参与者的行动指南以及这个博弈的结果。即便这个过程不会以一个独一无二的结果告终，它也会缩小整个博弈的规模，降低博弈的复杂程度。

利用优势策略方法与劣势策略方法进行简化之后，整个博弈的复杂度已经降到最低程度，不能继续简化，而我们也不得不面对循环推理的问题。我们的最佳策略要以对手的最佳策略为基础，反过来从对手的角度分析也是一样。

选择优势策略，隐藏劣势策略

注意：优势策略是指我们的这个策略相对于我们的其他策略占有优势，而不是相对于对手的策略占有优势。

11 脏脸博弈：以人推己的最佳策略

有甲、乙、丙三个人，他们每个人的脸都是脏的。设定没有一个人有镜子，且不许相互告知信息，因此每个人只能够看到别人的脸是脏的，但无法知道自己的脸是否是脏的。如果三人之外的A告诉他们："你们三人的脸至少有一人是脏的。"因为三个人中的任何一个人都知道另外两个人的脸是脏的，因此充其量只是把事实重复了一遍而已。这看似一句废话，然而它却是具有信号传递作用的关键信息，它使三个人之间拥有共同信息成为可能。假定三个人都具有一定的逻辑分析能力，那么至少将有一人能够确切地知道自己的脸是否是脏的。

下面我们对此进行推理：

（1）甲只能看到乙、丙的脸是脏的，这符合"你们三人的脸至少有一人是脏的"的描述，因此甲无法确切地告诉A自己的脸是否是脏的。但这隐含着乙、丙的脸不可能都是干净的，否则甲若观察到乙、丙的脸都是干净的，那么甲就可以果断地判断出自己的脸是脏的，即甲无法确定自己的脸是否是脏的。

（2）乙得知甲无法确切地说出自己的脸是否是脏的，得知乙、丙的脸不可能都是干净的这一推论。他同时又看到丙的脸是脏的，这符合"你们三人的脸至少有一人是脏的"的描述，因此乙依然无法确切地说出自己的脸是否一定是脏的。

（3）丙根据甲、乙不能够确切地说出他们各自的脸是否一定是脏的这一已知事实，肯定可以推断出自己（丙）的脸一定是脏的。推理如下：

联系（1）（2）进行反向推理，由于甲无法确切地告诉A自己的脸是否是脏的，隐含着乙、丙的脸不可能都是干净的。若丙的脸是干净的，那么乙一定能够确切地知道自己（乙）的脸是脏的，但是乙无法做出判断的事实，等于给丙传递了一个信号。丙根据甲、乙共同传递的信号，判断自己的脸一定是脏的。

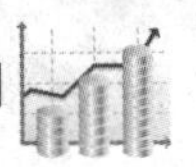

共同知识会影响博弈结果

谁是脏脸

这个博弈告诉我们，“你们三人的脸至少有一人是脏的”这句话，将三个人各自具有的具体知识——至少有一人是脏的、甚至至少两个人的脸是脏的，转变为共同知识。共同知识的出现，直接影响到最终的博弈结果，也就是说，至少有一个人知道自己的脸是脏的。

12 多人博弈：集体行动的逻辑

从前有座山，山上有个庙，庙里住个和尚，和尚每天都到山下的小河里挑水喝。后来庙里又来了一个和尚，两人谁都不想一个人去挑水，于是变成两人每天到山下抬水喝。再后来又来了一个和尚，抬水不好分工了，大家都坚持不去挑水，最后三个和尚都渴死了。

这个耳熟能详的故事，向我们揭示了一个多数人博弈所面临的困境，同时也刻画了一个经济学中广为人知的命题——集体行动的逻辑。这个命题是由美国著名经济学家、公共选择理论奠基者曼瑟尔·奥尔森提出的。

社会学家们往往假设：一个具有共同利益的群体，一定会为实现这个共同利益采取集体行动。例如，同一社区的人会保持公共环境卫生；消费者会组织起来与售卖伪劣产品的商家斗争；持有同一公司股票的人会齐心协力扶持该股票的价格；同一国家的国民会支援本国货币的坚挺……这些例子实在是不胜枚举。

但是奥尔森却发现，这个假设不能很好地解释和预测集体行动的结果，许多合乎集体利益的集体行动并没有发生。相反，个人自发的自利行为往往导致对集体不利甚至极其有害的结果。

集体行动的成果具有公共性，所有集体的成员都能从中受益，包括那些没有分担集体行动成本的成员。例如，滥竽充数的南郭先生不会吹竽，却混进了宫廷乐队。虽然他实际上没有参加乐队合奏这个集体行动，但他表演时毫不费力地装模作样仍然使他得以分享国王奖赏这个集体行动的成果。如果我们把集体行动问题嵌入博弈学，会发现可以有很多不同的版本：囚徒困境式的集体行动，即在博弈中每个参与者都会采取背叛的策略；智猪博弈式的集体行动，每个博弈的参与者都企图搭便车；等等。总之，多人博弈中往往会遭遇集体行动的种种问题。

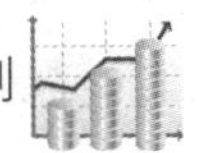

三个和尚为什么没水喝?

一个和尚挑水喝，两个和尚抬水喝，三个和尚没水喝。这是大家非常熟悉的民间故事，也是多人博弈中经常遇到的集体行动问题。

如何克服集体行动中存在的问题

存在问题：
- 在场一定有比我更能胜任的人。
- 枪打出头鸟，为什么要我出头。
- 为什么我要一个人承担这份责任。

解决方案：
- 产权明晰，责任明确。
- 沟通协调，自主治理。
- 理性激励，合理监督。

13 协和谬误：不要将错误进行到底

某件事情投入了一定成本、进行到一定程度后发现不宜继续下去，却苦于各种原因而将错就错，欲罢不能，这种状况在博弈论上被称为协和谬误。协和谬误也被称为骑虎难下的博弈，一旦进入这种弈局，及早抽身是明智之举。然而，当局者往往做不到，这就是所谓的当局者迷。

这种协和谬误经常出现在国家之间，也出现在企业或组织之间，当然个人之间也经常碰到。20世纪60年代，美国介入越南就是协和谬误。赌红了眼的赌徒输了钱还要继续赌下去以希望翻本，也是协和谬误。其实，从赌徒进入赌场开始赌博时，他就已经进入了骑虎难下的状态，因为赌场从概率上讲是肯定赢的。从理论上讲，赌徒与赌场之间的博弈如果是多次的，那么赌徒肯定会输，因为赌徒的“资源”与赌场的“资源”相比实在太少了。如果赌徒的资源与赌场的资源相比很大，那么赌场有可能会输；如果赌徒的资源无限大，且有必赢的欲望，那么赌徒肯定会赢。因此，像这样的赌场要设定赌博数额的限制。

关于伊拉克战争，有人说美国胜利了，也有人说美国失败了。说美国胜利的人，只是从军事角度看问题，认为美国已经打败了萨达姆；说美国失败的人，是从战略全局，从政治、军事、经济、社会等综合角度看问题。无论这场战争美国是胜是败，从博弈论的观点来分析，有一点是确定无疑的，那就是美国陷入了协和谬误。

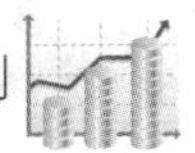

生活中的协和谬误

在现实生活中有许多协和谬误的例子，比如在晚餐时间：

为了节俭，硬撑着把饭吃下肚子的行为，在博弈论中被称为协和谬误，是指某件事情投入了成本，之后不宜进行下去，却苦于各种原因将错就错。

无论是投资还是人生，我们总难免走过一些弯路，走错了并不可怕，可怕的是不懂得悬崖勒马，死不悔改。“既然已经失去了太阳，就不要再错过星星。”

14 零和博弈：有赢有输的游戏

零和游戏，就是零和博弈，是博弈论的一个基本概念，意思是双方博弈，一方得益必然意味着另一方吃亏，一方得益多少，另一方就吃亏多少。之所以称为“零和”，是因为将胜负双方的“得”与“失”相加，总数为零。

一个游戏无论几个人来玩，总有赢家和输家，赢家所赢的都是输家所输的，所以无论赢输多少，正负相抵，最后游戏得益或损失的总和都为零，这就是零和游戏。

零和博弈属于非合作博弈。在零和博弈中，双方是没有合作机会的。各博弈方决策时都以自己的最大利益为目标，结果是既无法实现集体的最大利益，也无法实现个体的最大利益。零和博弈是利益对抗程度最高的博弈，甚至可以说是你死我活的博弈。

有一个流传颇广的经济学家吃屎的笑话，可以说就是零和博弈的翻版。笑话内容是这样的：两个经济学家甲和乙，两人在路上走，发现一坨狗屎。甲对乙说：“你把它吃了，我给你100万元。”乙一听，这么容易就赚100万元，臭就臭点吧，大不了拿了钱去洗胃，于是就把屎吃了。

两人继续走，心里都有点不平衡。甲白白损失了100万元，什么也没捞着；乙虽说赚了100万元，但是吃了坨狗屎心里也堵得慌。偏巧这时两人又发现一坨屎，乙终于找到了平衡，对甲说：“你把它吃了，我也给你100万元。”甲一想损失的100万元能赚回来，吃坨屎算什么，乙不是也吃了吗？于是也把那坨屎吃了。

走着走着，乙经济学家忽然缓过神来了。他对甲说：“不对啊，我们谁也没有挣到钱，却吃了两坨狗屎……”甲也缓过神来，思考了一会儿说：可是，我们创造了200万元的GDP啊！

这个笑话正是一个零和博弈的范本。我们可以看到，在零和博弈中，当几次博弈下来如果双方输赢情况相等，则财富在双方间不发生转移。可见零和博弈是一场有赢有输的游戏，但它并不能实现财富的增值，受益方受益建立在受损方的痛苦之上，并不能实现双方的有利共赢。

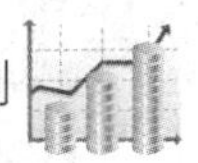

有输有赢的零和博弈

零和博弈犹如跷跷板

零和博弈：一方的得利来自另一方的损失。

在博弈中，各个博弈方在作决策时都以自己的最大利益为目标，是利益对抗性最高的游戏。

自己的幸福是建立在他人的痛苦之上的，两者的大小完全相等，因而双方都“损人利己”。

15 非零和博弈：两败俱伤与互利双赢的权衡

非零和博弈是一种非合作下的博弈，博弈中各方的收益或损失的总和不是零值，它区别于零和博弈。在非零和博弈中，一个局中人的所得并不一定意味着其他局中人要遭受同样数量的损失。也就是说，博弈参与者之间不存在“你之得即我之失”这样一种简单的关系。譬如，在恋爱中一方受伤的时候，对方并不是一定得到满足。有可能双方一起得到精神上的满足，也有可能双方一起受伤。通常，彼此精神的损益不是零和的。又如，目前的中美关系，就并非“非此即彼”，而是可以合作双赢。

正和博弈与负和博弈都属于非零和博弈。

正和博弈是一种双方都得到好处的博弈。通俗地说，就是指双赢。比如我们的贸易谈判基本上都是正和博弈，也就是要达到双赢。双赢的结果是通过合作来达到的，必须是建立在彼此信任基础上的一种合作，是一种非对抗性博弈。双赢的博弈可以体现在各个方面，商场上双赢的合作博弈是用得最充分的一种。

负和博弈是指双方冲突和斗争的结果是所得小于所失，就是我们通常所说的其结果的总和为负数，也是一种两败俱伤的博弈，结果双方都有不同程度的损失。比如在生活中，兄弟姐妹相互间争东西，其结果就很容易形成两败俱伤的负和博弈。一对双胞胎姐妹，妈妈给她们俩买了两个玩具，一个是金发碧眼、穿着民族服装的捷克娃娃，另一个是会自动跑的玩具越野车。看到捷克娃娃，姐妹俩同时喜欢上了，而都讨厌越野车玩具，她们一致认为，越野车这类玩具是男孩子玩的，所以，她们两个人都想独自占有那个可爱的娃娃，于是矛盾便出现了。姐姐想要那个娃娃，妹妹偏不让，妹妹想独占，姐姐又不同意，于是，干脆把玩具扔掉，谁都别想要。

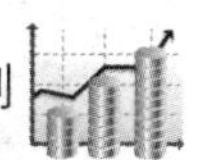

正和博弈与负和博弈

正和博弈：双赢的局面，是最好的博弈结果。

负和博弈：博弈双方都受到损失的博弈。

非零和博弈：在博弈中我们要避免零和博弈与负和博弈，力求正和博弈。

与零和博弈的不同之处

1　非零和博弈，是既有对抗又有合作的博弈，参与者的目标不完全对立，对局表现为各种各样的情况。

2　在非零和博弈之中，一个局中人的所得并不一定意味着其他局中人要遭受同样数量的损失。

3　非零和博弈参与者之间存在着某种利益关系，运用博弈策略才能达到双赢或者多赢。

第三章 经济篇

——参透经济学中的博弈思维

1 刘备为何能“借”走荆州

公元208年，孙权、刘备联军在赤壁一带大败曹操军队，从而奠定了三国鼎立的局面。但是在赤壁之战爆发以前，孙权集团内部形成了以张昭为首的投降派和以周瑜、鲁肃为首的主战派。弱小的刘备集团派诸葛亮与孙权商议联吴抗曹，孙权经过慎重考虑，最终决定与刘备结盟，共同抗击曹操，尽管当时刘备只有万余人的兵力。

曹操二十多万军队在长江北岸，而孙刘联军约五万军队在长江南岸。周瑜鉴于敌众己寡，久持不利，决意寻机速战。部将黄盖针对曹军连环船的弱点，建议火攻，得到赞许。黄盖立即遣人送伪降书给曹操，随后带船数十艘出发，前面十艘满载浸油的干柴草，以布遮掩，插上与曹操约定的旗号，并系轻快小艇于船后，顺东南风驶向曹操阵营。接近对岸时，戒备松懈的曹军皆争相观看黄盖来降。此时，黄盖下令点燃柴草，各自换乘小艇退走。火船乘风闯入曹军船阵，顿时一片火海，迅速延及岸边营屯。

孙刘联军乘势攻击，曹军伤亡惨重。曹操已不能挽回败局，下令烧余船，引军退走。此役过后，实力最弱的刘备得到了最大的胜利果实——荆州被顺利“借”走。

赤壁之战后的结果看似有欠公允,其实是形势使然。因为面对曹操的进攻,如果孙权和刘备都选择投降，则孙权的损失要比刘备大得多。刘备可以说是“光脚的不怕穿鞋的”，他没有多少可损失的东西。在这样情形下，只要孙权是一个理性人，他就必然要选择抗曹的策略。因为他首先要维护自己集团的利益，至于在维护的同时，被刘备拣了便宜，那也没办法。

孙刘联合抗曹这件事正切合了前面所介绍的智猪博弈模型。赤壁之战中的孙权一方其实扮演的就是智猪博弈中“大猪”的角色，刘备一方则是拣了大便宜的“小猪”。赤壁正面作战的是孙权，出大力的也是孙权，但最大的胜利果实———荆州却被刘备摘去。多出力并没有多得，少出力并没有少得，这就是孙刘在赤壁之战中的博弈结果。

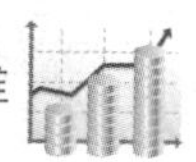

中小企业的生存之道

在赤壁之战中，孙刘两军联盟，一举击败了曹操，是历史上以少胜多的著名案例，值得在市场竞争中的中小企业借鉴。

大企业 \ 小企业	合作	不合作
合作	5，1	4，4
不合作	9，1	0，0

智猪博弈在社会其他领域也很普遍。在一个股份制公司中，股东都承担着监督经理的职能，但是大小股东从监督中获得的收益大小不一样。在监督成本相同的情况下，大股东从监督中获得的收益明显大于小股东。因此，小股东往往不会像大股东那样去监督经理，而大股东也明确无误地知道不监督是小股东的优势策略，知道小股东要搭自己的便车，但大股东别无选择。大股东选择监督经理的责任、独自承担监督成本，是在小股东占优选择的前提下必须选择的最优策略。这样一来，从每股的净收益来看，小股东要大于大股东。

这样的客观事实为那些“小猪”提供了一个十分有用的成长方式。仅仅依靠自身的力量而不借助于外界的力量，是很难成功的。我们看一下智猪博弈就能明白这一点：小猪的优势策略是坐等大猪去按按钮，然后从中受益。也就是说，小猪在博弈中拥有后发优势。在博弈中，抢占先机并不总是好事，因为这么做会暴露我们的行动。对手可以观察我们的选择，做出他自己的决定，并且会利用我们的选择尽可能占便宜。

到底是选择先发还是后发，在博弈论中，就要先分析形势，按照风险最小、利益最大的原则，把风险留给对手，把获益的机会把握在自己手中，做一只“聪明的小猪”。

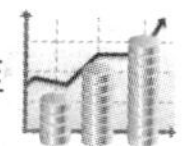

大小企业的生存之道

在企业竞争中，如果公司是弱小的一方，可以做如下决策：

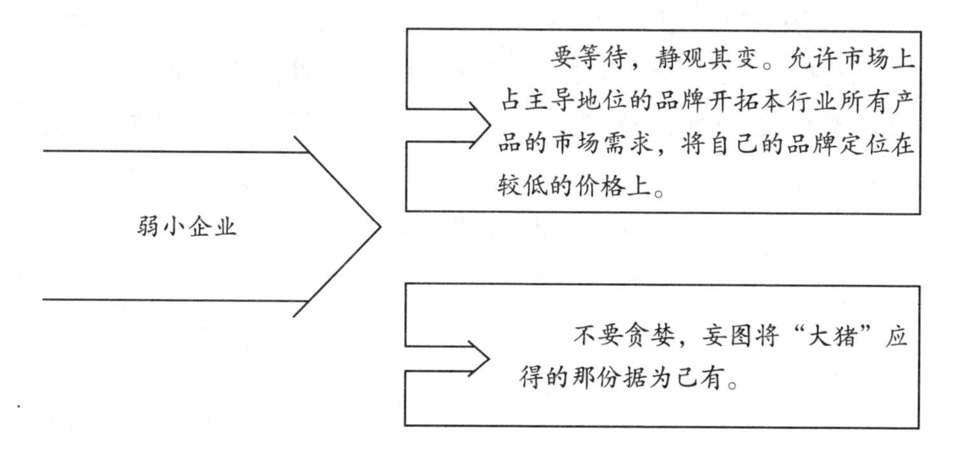

在企业竞争中，如果公司是强大的一方，可以做如下决策：

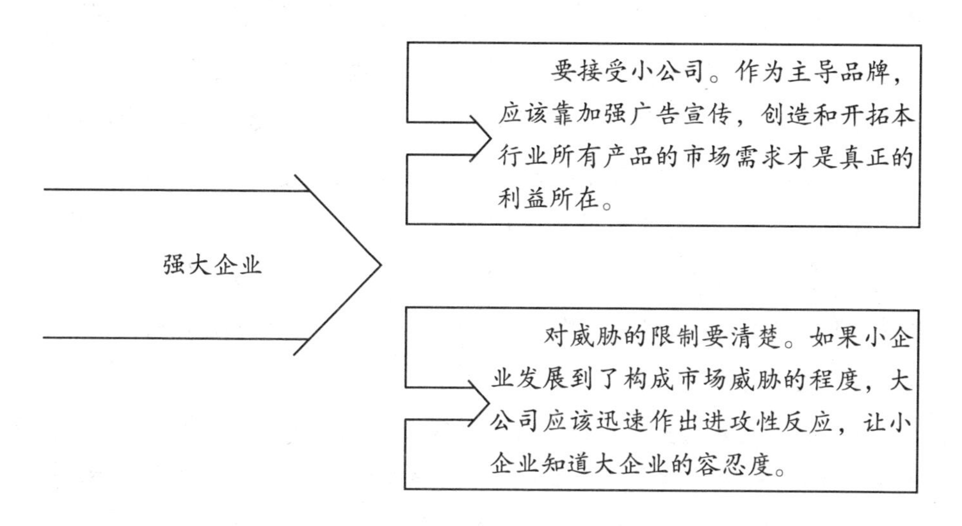

2 共同知识引发的奇怪推理

有这么一个村庄，村里有一百对夫妻，他们都是地道的逻辑学家。

但这个村里有一些奇特的风俗：每天晚上，村里的男人们都点起篝火，绕圈围坐举行会议，会议议题是谈论自己的妻子。在会议开始时，如果一个男人有理由相信他的妻子对他总是忠贞的，那么他就在会议上当众赞扬她的美德。如果在会议之前的任何时间，只要他发现妻子不贞的证据，那么他就会在会议上悲鸣痛哭，并企求神灵严厉地惩罚她。再则，如果一个妻子曾有不贞，那么她和她的情人会立即告知村里除她丈夫之外所有的已婚男人。这个风俗虽然十分奇怪，但是人人遵守。

事实上，这个村子每个妻子都已对丈夫不忠。每个丈夫都知道除自己妻子之外，其他人的妻子都是不贞的女子，因而每个晚上的会议上，每个男人都赞美自己的妻子。这种状况持续了很多年，直到有一天来了一位传教士。传教士参加了篝火会议，并听到每个男人都在赞美自己的妻子，他站起来走到围坐圆圈的中心，大声地提醒说："这个村子里有一个妻子已经不贞了。"

在此后的九十九个晚上，丈夫们继续赞美各自的妻子，但在第100个晚上，他们全都悲鸣痛哭，并企求神灵严惩自己的妻子。

这是一个有趣的推理过程：由于这个村里的每个男人都知道另外的九十九个女人对自己的丈夫不忠，当传教士说"有一个妻子已经不贞了"，由此并不能必然推出这个不贞的女人是自己的妻子，因为他知道还有九十九个女人对自己的丈夫不忠贞。

于是这样的推理持续了九十九天，前九十九天每个丈夫都不能确切地怀疑自己的妻子，而当第一百天的时候，如果还没有人痛哭，那表明所有的女人都忠于自己的丈夫，显然与"有一个妻子已经不贞了"的事实相悖。于是，每个男人都可确切地推理出来自己的妻子已经红杏出墙。总体的推论结果便是：这一百个妻子都出轨了。

应该说，传教士对"有一个妻子已经不贞了"这个事实的宣布，似乎并

没有增加这些男人对村里女人不忠贞行为的知识，他们其实都知道这个事实。但为什么第一百天他们都伤心欲绝呢？根源还在于共同知识的作用。对一个事件来说，如果所有博弈当事人对该事件都有了解，并且所有当事人都知道其他当事人也知道这一事件，那么该事件就是共同知识。

在生活交际中，共同知识起着一种不可或缺的作用，只不过多数时候我们并没有留心而已。举一个简单的例子：小王决定做一个体检，在经历抽血、B超等多方位检查后，发现有一项“屈光不正”需要去眼科诊疗。花了8元钱的挂号费后，小王根据指引去做光学检验，但他后来才发现其实就是配眼镜。原来，“屈光不正”就是近视眼。“屈光不正”是医学工作者的共同知识，但小王却并不清楚这样的知识，以致让自己多花冤枉钱。

由此可以看出，没有共同知识的博弈，会给整个社会无端增加许多交易成本。共同知识无处不在。对于我们而言，多掌握一些共同知识，对生活具有重要的意义。

掌握好共同知识

在博弈中，如果没有共同知识，会为交易增加许多交易成本。

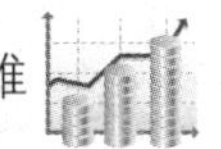

所谓共同知识，就是各博弈方在无限推理意义上均知悉的事实，通俗地讲就是：我知你知他知。

形成共同知识的条件

相互都知道对方知道它。

相互都知道对方知道自己知道它。

3 乌龟为什么要和兔子合作

我们不得不承认这么一个事实：我们每个人的能力都是有限的，在争生存、求发展的斗争中，只有坚持团结合作，才有可能获得最终的成功。猎鹿博弈启示我们，双赢的可能性是存在的，而且人们可以通过采取各种措施达成这一局面。

厉以宁曾经讲过新《龟兔赛跑》的故事：龟兔赛跑，第一次比赛兔子输了，要求赛第二次。第二次龟兔赛跑，兔子吸取经验，不再睡觉，一口气跑到终点。兔子赢了，乌龟又不服气，要求进行第二次比赛，并说前两次都是兔子指定路线，这次得由它指定路线跑。结果兔子又跑到前面，快到终点了，一条河把路挡住，兔子过不去，乌龟慢慢爬到了终点，第三次乌龟赢。它们又商量进行第四次比赛。乌龟说："咱们总竞争干吗？咱们合作吧。"于是，陆地上兔子驮着乌龟跑，过河时乌龟驮着兔子游，它们同时抵达终点。

这个故事告诉我们双赢才是最佳的合作效果，合作是利益最大化的武器。许多时候，对手不仅仅只是对手，正如矛盾双方可以转化一样，对手也可以变为助手和盟友。商场中只有永远的利益，没有永远的敌人。

作为竞争的参与者，每个人都要分清自己所参与的是哪种博弈，并据此选择自己最合适的策略。有对手才会有竞争，有竞争才会有发展，才能实现利益最大化。如果对方的行动有可能使自己受到损失，应在保证基本得益的前提下尽量降低风险，与对方合作。

新龟兔赛跑中蕴含的企业共赢之道

新龟兔赛跑中的乌龟和兔子，就如同一行业中竞争的两个企业，它们完全有可能实现共赢。

4 “一锤子买卖”为什么会时常发生

清人的《笑笑录》中记载了这样一则笑话：

有一个人去理发铺剃头，剃头匠给他剃得很草率。剃完后，这人付给剃头匠双倍的钱，什么也没说就走了。

一个多月后的一天，这人又来理发铺剃头。剃头匠想此人上次多付了钱，觉得他阔绰大方，为讨其欢心，多赚他的钱，便竭力为他剃，事事周到细致，多用了一倍的工夫。剃完后，这人便起身付钱，反而少给了许多。剃头匠不愿意，说：“上次我为您剃头，剃得很草率，您尚且给了我很多钱；今天我格外用心，你为何反而少付钱呢？”

这人不慌不忙地解释道：“今天的剃头钱，上次我已经付给你了，今天给你的钱，正是上次的剃头费。”说着大笑而去。

这个故事说明，当发生有限次的博弈时，只要临近博弈的终点，博弈双方会采取不合作策略的可能性加大。理发的人必定不会再到这个理发铺来剃头，因此他才采取了不合作的策略。

一次性博弈的大量存在，引发了很多不合作的行为。在现实的世界中，所有真实的博弈只会反复进行有限次，但正如剃头匠不知道客人下一次是否还会光顾一样，没有人知道博弈的具体次数。既然不存在一个确定的结束时间，那么这种相互的博弈一定会持续下去，博弈双方往往会采取合作的方式，实现阶段性的成功。因此，从博弈的角度出发，只要仍然存在继续合作的机会，背叛将会受到抑制。

一般而言，在经历多次的博弈之后，会达到一个均衡点——纳什均衡。在纳什均衡上，每个参与者的策略都是最好的，此时没有人愿意先改变或主动改变自己的策略。也就是说，此时如果他改变策略，他的收益将会降低，每一个理性的参与者都不会有单独改变策略的冲动。因此，在经历了多次的重复博弈后，博弈的双方都不希望这种最优状态发生改变，这种相对稳定的结构会一直持续下去，直到博弈的终点。

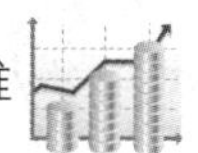

生活中的"一锤子买卖"

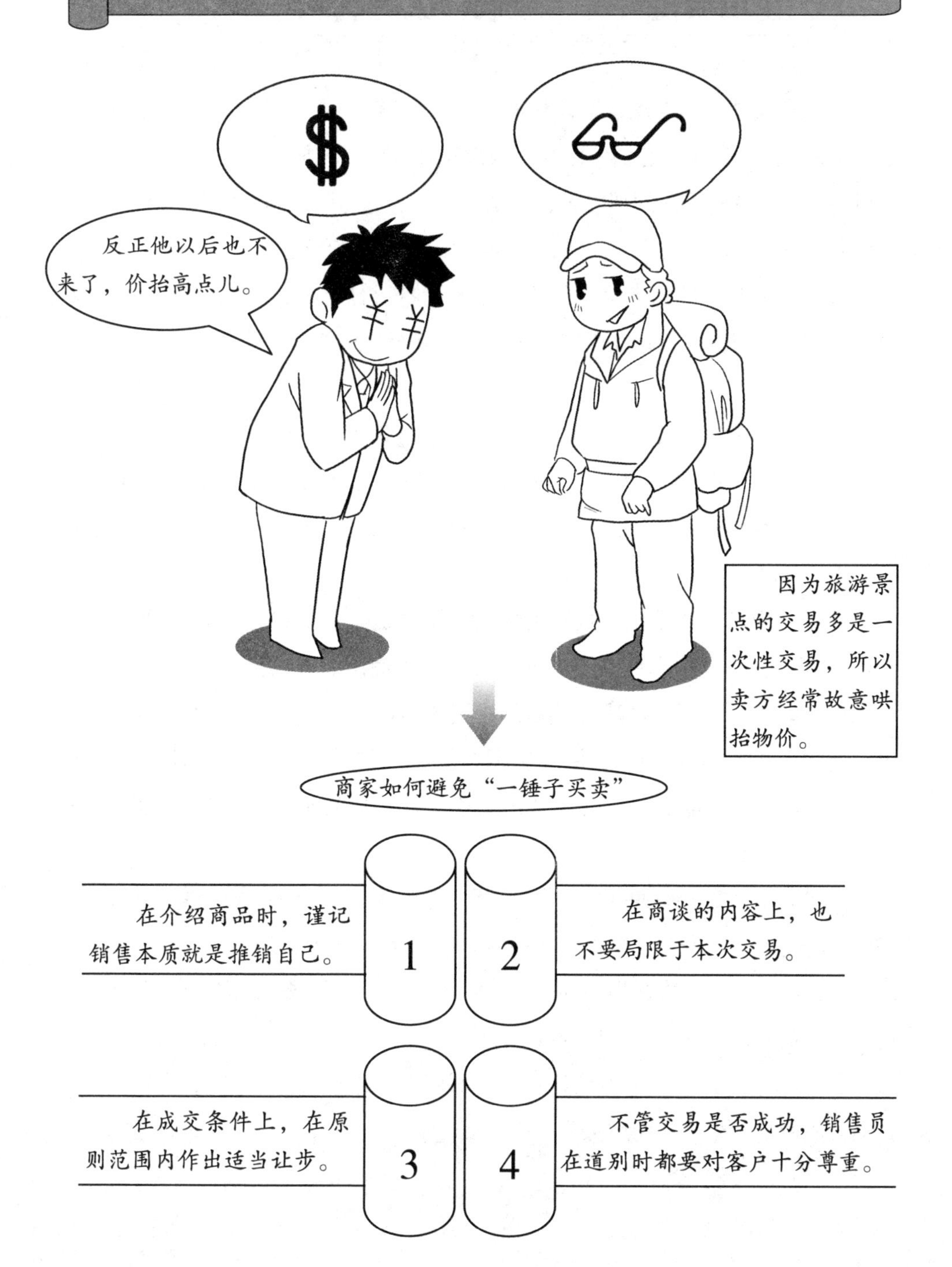
$
反正他以后也不来了，价抬高点儿。
因为旅游景点的交易多是一次性交易，所以卖方经常故意哄抬物价。
商家如何避免"一锤子买卖"
1
在介绍商品时，谨记销售本质就是推销自己。
2
在商谈的内容上，也不要局限于本次交易。
3
在成交条件上，在原则范围内作出适当让步。
4
不管交易是否成功，销售员在道别时都要对客户十分尊重。

5 坐山观虎斗——坐收渔人之利

卞庄子发现两只老虎，准备刺杀。身旁的旅店仆人劝阻他说：“您看两只老虎正在吃同一头牛，它们一定会因为肉味甘美而互相搏斗起来。两虎相斗，大者必伤，小者必死。到那时候，您跟在受伤老虎的后面刺杀伤虎，就能一举得到刺杀两头老虎的美名。”卞庄子觉得仆人说得很有道理，便站立在一旁。

过了一会儿，两只老虎果然为了争肉撕咬扭打起来，小虎被咬死，大虎也受了伤。卞庄子挥剑跟在受伤老虎的后面刺杀，果然不费吹灰之力就刺死伤虎，一举获得两虎。

卞庄子的策略就是“坐山观虎斗”，最终获得了自己所希望的结果。面对不止一个对手的时候，切不可操之过急，免得反而促成他们联手对付自己。这时最正确的方法是静观不动，等待适当时机再出击。这正体现了前面所提到的枪手博弈的模型。

在激烈的市场竞争中，枪手博弈的运用更是无处不在。2009年1月7日，中国3G正式发牌，中国移动于当日正式启动3G商用服务。面对中国移动咄咄逼人的3G攻势，苦等3G牌照多年的中国电信不断加速其CDMA2000标准的建设。与大张旗鼓地备战3G竞赛的中国移动和中国电信比较，中国联通非常低调。尽管已表示争取2009年内推出3G服务，但中国联通高层始终对WCCMA的业务规划讳莫如深。

有分析认为，中国联通之所以低调，是因为“六合三”电信重组后，中国电信业进入了一个“三个枪手”的博弈论模型。中国移动最强，中国电信稍弱，中国联通最弱。因此中国联通自然乐于选择对天开空枪，旁观中国移动、中国电信竞争，并寻求渔人得利的战略。

博弈的精髓在于参与者的策略相互影响、相互依存。对于我们而言，无论对方采取何种策略，均应采取自己的最优策略。

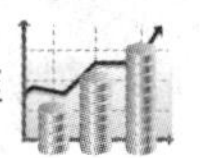

坐山观虎斗的智慧

坐山观虎斗是一种置身于事外的人生智慧，是企业竞争中不可缺少的决胜武器。

价格战中的获益者

价格战中伺机而动的人才是获益者。

6 郑堂烧画——做善用策略欺骗的高手

在现实的博弈活动中，策略欺骗是重要的博弈智慧。策略欺骗就是参与者之间往往对自己和对方的优势和劣势都了如指掌，而且会想方设法地加以利用，把对方弱点作为突破防线的重点。

一个善用策略欺骗的人，既要有自知之明，更要能利用对手对自己的习惯及固有特点的了解，出其不意，把对手诱入局中。不过最重要的是，我们应该在生活中合理利用策略欺骗。

明朝正德年间，福州府城内有位秀才郑堂开了家字画店，生意十分兴隆。有一天，一位叫龚智远的人拿来一幅传世之作《韩熙载夜宴图》押当，郑堂当场付银8 000两，龚智远答应到期偿还15 000两。一晃就到了取当的最后期限，却不见龚智远来赎画，郑堂感觉到有些不大对劲，取出原画一看，竟是幅赝品。郑堂被骗走8 000两银子的消息，一夜之间不胫而走，轰动全城。

两天之后，受骗的郑堂却做出一个让人大跌眼镜的决定。他在家中摆了几十桌酒席大宴宾客，遍请全城的士子名流和字画行家赴会。酒至半酣，郑堂从内室取出那幅假画挂在大堂中央，说道："今天请大家来，一是向大家表明，我郑堂立志字画行业，绝不会因此打退堂鼓，二是让各位同行们见识假画，引以为戒。"待到客人们一一看过之后，郑堂把假画投入火炉， 8 000两银子就这样付之一炬。郑堂的烧画之举再次轰动全城。

第二天一大早，那个本已销声匿迹的龚智远早早来到郑堂的字画店里，推说是有要事耽误了还银子的时间。郑堂说："无妨，只耽误了三天，但是需加三分利息。"铁算盘一打，本息共计是15 240两银子。龚智远昨夜得知自己的那幅画已经被他烧了，所以有恃无恐地要求以银兑画。郑堂验过银子之后，从内堂取出一幅画，龚智远冷笑着打开一看，不由得头晕目眩、两腿发软，当下就瘫倒在地。

原来，郑堂依照赝品仿造了另一幅假画，他烧掉的正是自己仿造的假画。

看清商家的诡计

这是一个我们日常生活中经常遇到的场景：

商家常用欺骗手段

1.拿出相关证明，可是这个证明不是假的，就是不让我们看“真容”。

2.到了年底销售商品时，先提价后优惠，造成便宜的假象。

3.个别小商小贩，在宣传产品时，找托儿。

郑堂的策略欺骗之所以能奏效，在于郑堂将计就计，反过来运用自己的策略，请骗子龚智远入瓮，聪明的龚智远反倒成了傻子。这里的关键在于为了赢对方而自愿增加自己的行动步骤，甚至付出暂时的代价以诱敌深入。

在现实经济生活中，我们接收到的信息十分庞杂，真信息、假信息叠加在一起，即使是理性经济人也无从分辨。在博弈过程中，博弈的参与者所发出的信息往往并不真实。比如说市场中的买方，因为怕自己得不到商品的真实信息而吃亏，面对纷繁的信息来源，买方必须运用自己的信息甄别能力来做出决策。如果我们要买一件价格比较贵的羽绒服，就需要鉴别真假。当我们正在犹豫要不要买时，老板有可能将他进货的发票在我们面前晃一下，以表示这是正品，并且表示这样的价格他已经是在亏本出售。实际上，他压根儿不会让我们看到发票的真实信息。所以，千万不要被眼前的假象所迷惑。

博弈论中的策略欺骗对于我们的启示在于，我们应该将自己所收集到的信息综合起来调动全部智慧加以运用，尽可能获取整个事情的真相，从而让自己生活在真实的世界中。

需要明确的是，策略欺骗并不是让我们学会“骗”，而是让我们利用博弈论的知识，在市场行为中为自己谋取最大的利益。

甄别真假信息的方法

我们平时获取的信息犹如没有经过筛选的沙子，有真有假。

（1）根据信息来源途径判别。

（2）不盲目相信自己获取的信息。

（3）多渠道获取信息。

（4）向权威机构核实。

7 什么样的威胁才具有可信度

在博弈论中，有一种威胁策略，它是对不肯合作的人进行惩罚的一种回应规则。假如要通过威胁来影响对方的行动，就必须让自己的威胁不超过必要的范围。因此，在博弈中，一个大小恰当的威胁应该是足以奏效，又足以令人信服的。如果威胁大而不当，对方难以置信，而自己又不能说到做到，最终就不能起到威胁的作用。

博弈的参与者发出威胁的时候，首先可能认为威胁必须足以吓阻或者强迫对方，接下来才考虑可信度，即让对方相信，假如他不肯从命，一定会受到相应的损失或惩罚。假如对方知道反抗的下场，并且感到害怕，他就会乖乖就范。

但是，我们往往不会遇到这种理想状况。首先，发出威胁的行动本身就可能代价不菲。其次，一个大而不当的威胁即便当真实践了，也可能产生相反的作用。因此可以说，发出有效的威胁必须具备非凡的智慧。我们来看一下女高音歌唱家玛·迪梅普莱是如何威胁那些私闯园林的人们的。

玛·迪梅普莱有一个很大的私人园林，总会有人到她的园林里采花、拾蘑菇，甚至还有人在那里露营野餐。虽然管理员多次在园林四周围上篱笆，还竖起了“私人园林，禁止入内”的木牌，却无济于事。当迪梅普莱知道了这种情况后，就吩咐管理员制作了很多醒目的牌子，上面写着“如果有人在园林中被毒蛇咬伤，最近的医院在距此15公里处”的字样，并把它们树立在园林四周。从那以后，再也没有人私闯她的园林了。

威胁的首要选择是能奏效的最小而又最恰当的那种，不能使其过大而失去可信度。

其实，博弈论中的威胁策略也可应用到企业经营中。

在某个城市只有一家房地产开发商甲，没有竞争下的垄断利润是很高的。现在有另外一个企业乙，准备从事房地产开发。面对乙要进入其垄断的行业，甲想：一旦乙进入，自己的利润将受损很多，乙最好不要进入。所以甲向乙表示：你进入的话，我将阻挠你进入。

假定当乙进入时甲阻挠的话，甲的收益降低到2，乙的收益是－1。而如果甲不阻挠的话，甲的利润是4，乙的利润也是4。因此，甲的最好结局是乙不进入，而乙的最好结局是进入而甲不阻挠。但这两个最好的结局不能构成均衡，那么结果是什么呢？甲向乙发出威胁：如果你进入，我将阻挠。而对乙来说，如果进入，甲真的阻挠的话，它将会得到－1的收益，当然此时甲也有损失。关键问题是：甲的威胁可信吗？

乙通过分析得出：甲的威胁是不可信的。原因是当乙进入的时候，甲阻挠的收益是2，而不阻挠的收益是4，4>2，理性人是不会选择做非理性的事情的。也就是说，一旦乙进入，甲的最好策略是合作，而不是阻挠。因此，通过分析，乙选择了进入，而甲选择了合作。

因此，我们都应该从博弈论中认识到威胁的重要性，设法使自己的威胁具有可信度，并能以理性的视角判断出他人威胁的可信性，从而使博弈的结果变得对自己更加有利。

垄断与合作

垄断处在与竞争完全对立的位置上。当只有一个企业供给整个市场时，我们就说存在着垄断。

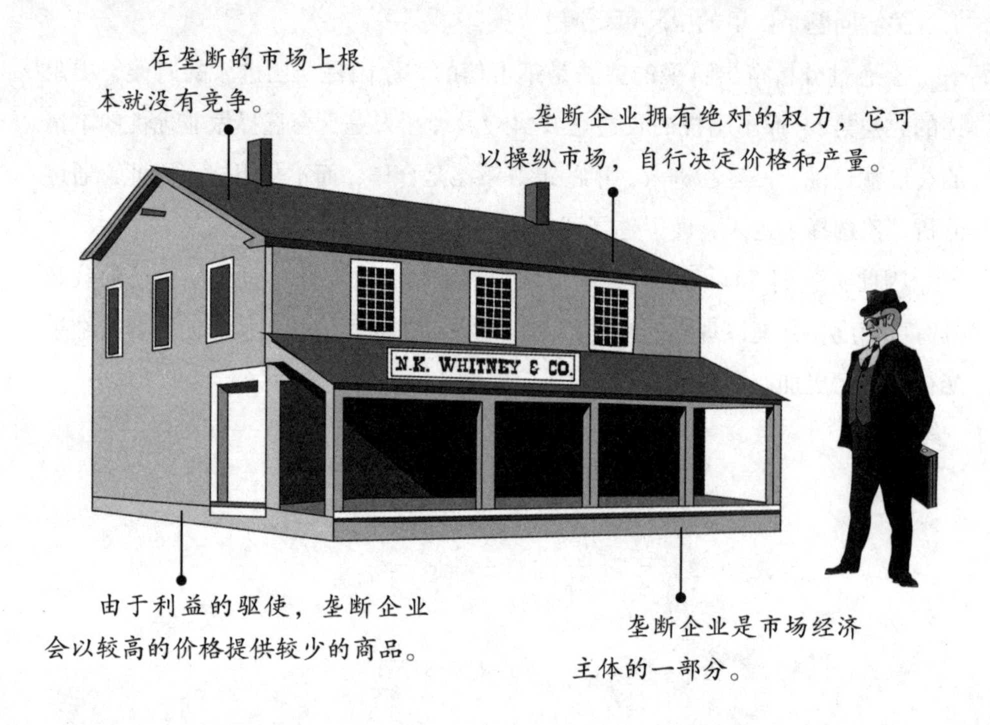

在垄断竞争中，产品是有差别的。

市场上,有许多企业可以自由地进入或退出。

企业不必考虑对手可能作出的反应。

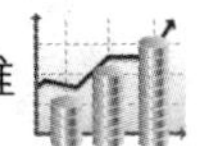

当有其他企业妄图与垄断企业分割市场时：

8 “一毛不拔”的完美结局——帕累托最优

墨子的徒弟去见杨朱，说：“先生，如果你拔掉一根毛，天下因此能得利益，你干不干？”杨朱说：“不干。”墨子的徒弟很不高兴，出了杨朱的屋。墨子的徒弟遇到杨朱的徒弟，就跟他说：“你的老师一毛不拔。”杨朱的徒弟说：“你不懂我老师的真意啊，我解释给你听吧。”于是，两人就展开了一段对话。

杨朱的徒弟：“给你钱财，揍你一顿，你干不干？”

墨子的徒弟：“我干。”

杨朱的徒弟：“砍掉你一条腿，给你一个国家，你干不干？”

墨子的徒弟不说话了，他心知再说下去杨朱的徒弟肯定会问：“砍掉你的头，给你天下，你干不干？”这还真不能随便答应下来。

杨朱的徒弟于是继续解释说：“毛没了，皮肤就没了；皮肤没了，肌肉就没了；肌肉没了，四肢就没了；四肢没了，身体就没了；身体没了，生命就没了。不可小看个体，现在当权者要牺牲百姓去满足自己的私心，将百姓的天下变成自己的天下，这怎么行？如果每一个百姓都能尽自己的本分，该耕田的耕田，该纺织的纺织，一个个的小利益积累起来，就是天下的大利益了，即所谓‘无为而无不为，无利而无不利’了。”

这就是“一毛不拔”的典故来源，其间蕴含着深刻的经济学原理。但对杨朱的这种观点，西方的功利主义学说和帕累托最优理论持有不同的看法。下面举例说明。

假设一个社会里只有一个百万富翁和一个快饿死的乞丐，如果这个百万富翁拿出自己财富的万分之一，就可以使后者免于死亡。按功利主义的标准，理想的状态是使人们的福利总和最大化的状态。如果一个富翁损失很少的福利，却能够极大地增加乞丐的福利，使其免于死亡，那么社会的福利总和就增加了，所以这样的财富转移是一种改善，而最初的极端不平等状态则是不理想的，因为它的福利总和较低。所以西方经济学中的功利主义认为，应当“拔一

帕累托最优

帕累托最优是一个经济学概念，它是由意大利经济学家维弗雷多·帕累托提出并命名的。

维弗雷多·帕累托（1848年至1932年），意大利经济学家、社会学家，洛桑学派的主要代表之一。

帕累托未达到最优的状态

毛而利天下”，为了提高福利总和可以减少一些人的福利。

帕累托最优理论则认为，在提高某些人福利的同时可以不减少其他任何一个人的福利。帕累托最优是指资源从一种分配状态到另一种分配状态的变化中，在没有使任何人境况变坏的前提下，使得至少一个人变得更好。帕累托最优只是各种理想态标准中的“最低标准”。也就是说，一种状态如果尚未达到帕累托最优，那么它一定不是最理想的，因为还存在改进的余地，最理想的状态是可以在不损害任何人的前提下使某一些人的福利得到提高。在上述例子中，富翁无偿地支付给乞丐部分财富而使乞丐免于死亡，但由于这种无偿的财富转移损害了富翁的利益，所以这种财富转移并未产生帕累托最优的效果。

帕累托最优是博弈论中的重要概念，并且在经济学、工程学和社会科学中有着广泛的应用。如果一个经济体不是帕累托最优，则存在一些人可以在不使其他人的境况变坏的情况下使自己的境况变好的情形。而这样低效的产出的情况是需要避免的，因此帕累托最优是评价一个经济体和政治方针非常重要的标准。

帕累托改进是指一种变化，在没有使任何人的境况变坏的情况下，使得至少一个人变得更好。一方面，帕累托最优是指没有进行帕累托改进余地的状态；另一方面，帕累托改进是达到帕累托最优的路径和方法。帕累托最优是公平与效率的“理想王国”。

帕累托最优：公平与效率的“理想王国”

帕累托最优是指资源分配的一种状态，它与博弈论中的猎鹿博弈有很多相似之处。

在猎人博弈中，两人合作猎鹿的收益对于分别猎兔具有帕累托优势。

比较原来分别猎兔的境况，我们说境况得到了帕累托改进。

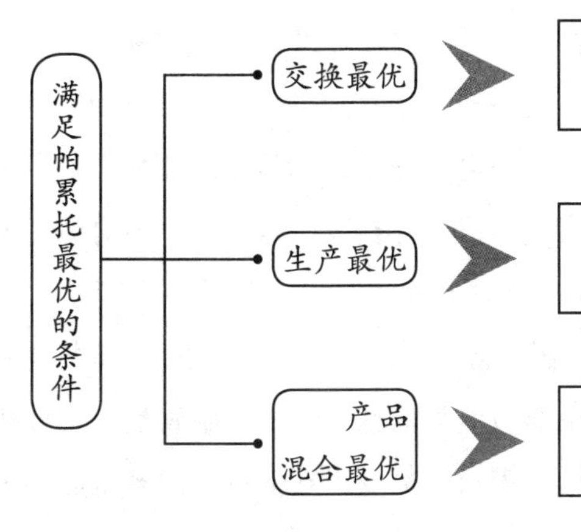

即使再交易，个人也不能从中得到更大的利益。

这个经济体必须在自己的生产可能性边界上。

经济体产出产品的组合必须反映消费者的偏好。

9 女方为何索要彩礼

现在有些地方仍保留着送彩礼的习惯。男子娶亲时，要给女方一定数额的钱，多则上万，少则几千，视男方的家庭经济状况而定。另外，还要准备一定数量的猪肉给女方，此肉称为“礼肉”或“离娘肉”，这是数十种彩礼中必不可少的一种。

但是这种风雅而有趣的彩礼现在越来越少了。如今，中国人结婚时的彩礼都是直指金钱，让那些穷困而盼媳妇的家庭不堪重负，甚至因此而闹出打官司的事情来。湖北荆州就发生了这么一件事：

结婚仪式已举行，但老岳父却因女婿没给5 000元彩礼而不准女儿去婆家，并让女婿回家拿钱来才放人。男方盖房、结婚已花光了积蓄，一时无法凑这么多现金，老岳父就一直把女儿留在娘家。女婿一怒之下把老岳父告上法庭。

一般而言，在农村结婚，房屋是必需的。此外，还需要一系列家用电器（包括彩电、冰箱、音响等）、日常生活用品以及大量的衣物和婚宴酒席费用。这样平均算起来，在农村结婚所需的全部费用在5万～7万元。这笔钱在城市工薪阶层中也不是一个小数目，何况是经济落后的农村。大部分人为了这件人生中的头等大事都背上了沉重的债务，伤透了脑筋。

为什么索要彩礼的行为成风？

从经济学的角度来看，婚姻是一桩交易，交易双方为男方和女方，其中男方为需求方，女方为供应方。供与求，双方必然涉及信息的因素。城市中讲求自由恋爱，男女双方在交往过程中具备充分了解的机会，信息较为对称；而农村中大多数人还沿袭着古老的传统——经人介绍，然后步入婚姻殿堂。男女双方几乎没有经历过真正意义上的恋爱阶段，存在着严重的信息不对称现象。

信息不对称，就会导致交易双方对对方的情况出于某种原因而了解不充分，因此也会导致供求双方在交易中不能真正体现自己的意图。根据现实条件，通过自由恋爱、正常交往来了解男方的可能性不大。在由媒妁之言促成的婚姻中，媒婆似乎成了信息传递的唯一渠道。但媒人在促成一门亲事后还大有

彩礼中隐藏着的经济学原理

在我国很多地方都有男方送女方彩礼的婚俗，男方在娶亲时，要给女方一定数量的礼钱，才可成婚。这种现象的产生与一个经济学现象有关，即信息不对称。

在经济学领域，我是需求方，为了能讨到媳妇，我可能会隐瞒一些不利信息。

在经济学领域，我是供给方，结婚是一辈子的事儿，害怕男方提供信息不全面。

解决方案

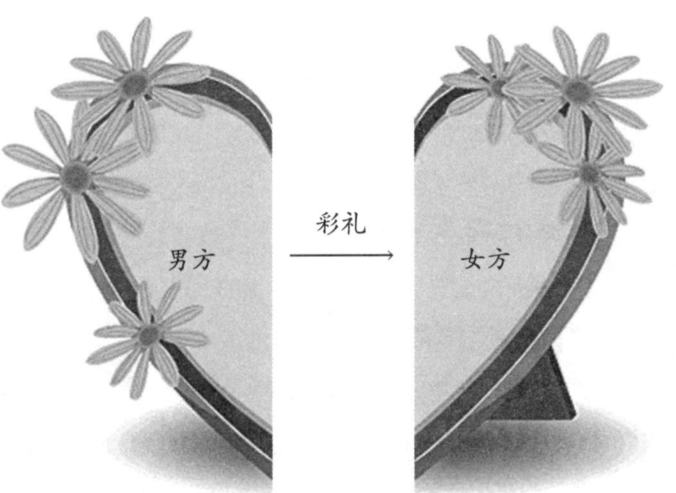

利益可图，因此通过媒人来了解男方，也不能尽识“庐山真面目”。男女双方的信息不对称现象就很难消除。

有这样一家婚姻介绍所，他们在给一位单身女郎介绍男朋友时，从中挑了一位男士的征婚广告，广告说这位男士长得英俊潇洒、仪表堂堂。单身女郎可能不会相信有这么好，这时婚介所的人就让她看了一小段关于此男士的录像。如此一来，再加上婚介所小姐的一番夸赞和劝说，这位单身女郎也极为动心，于是与婚介所达成这笔“交易”。

但过了一段时间，这位女郎发觉上当了，这位男士的确是仪表堂堂，但他有严重的口吃症。但是婚介所绝不会因此负任何责任，因为他们当初提供的信息的确是真实的，他的确长得帅。但婚介所提供的信息是不完全的：他有口吃症。

婚后男性的生活能力以及精神上对女性的关怀程度都是女性在婚前必须要考虑到的，而这些来自媒婆和婚介所提供的信息又都是不确定的。为了弥补这可能造成的损失，女性在婚前通过彩礼预先得到补偿，无疑是非常明智的。而且彩礼本身作为信息传递的工具，也促使了“交易”的达成，即婚姻关系的确立。

信息不对称对交易市场的影响

在信息交易中，一方掌握信息，另一方没有掌握，称为信息不对称。例如，在二手车的买卖中，卖主就比买主更加了解车辆信息。

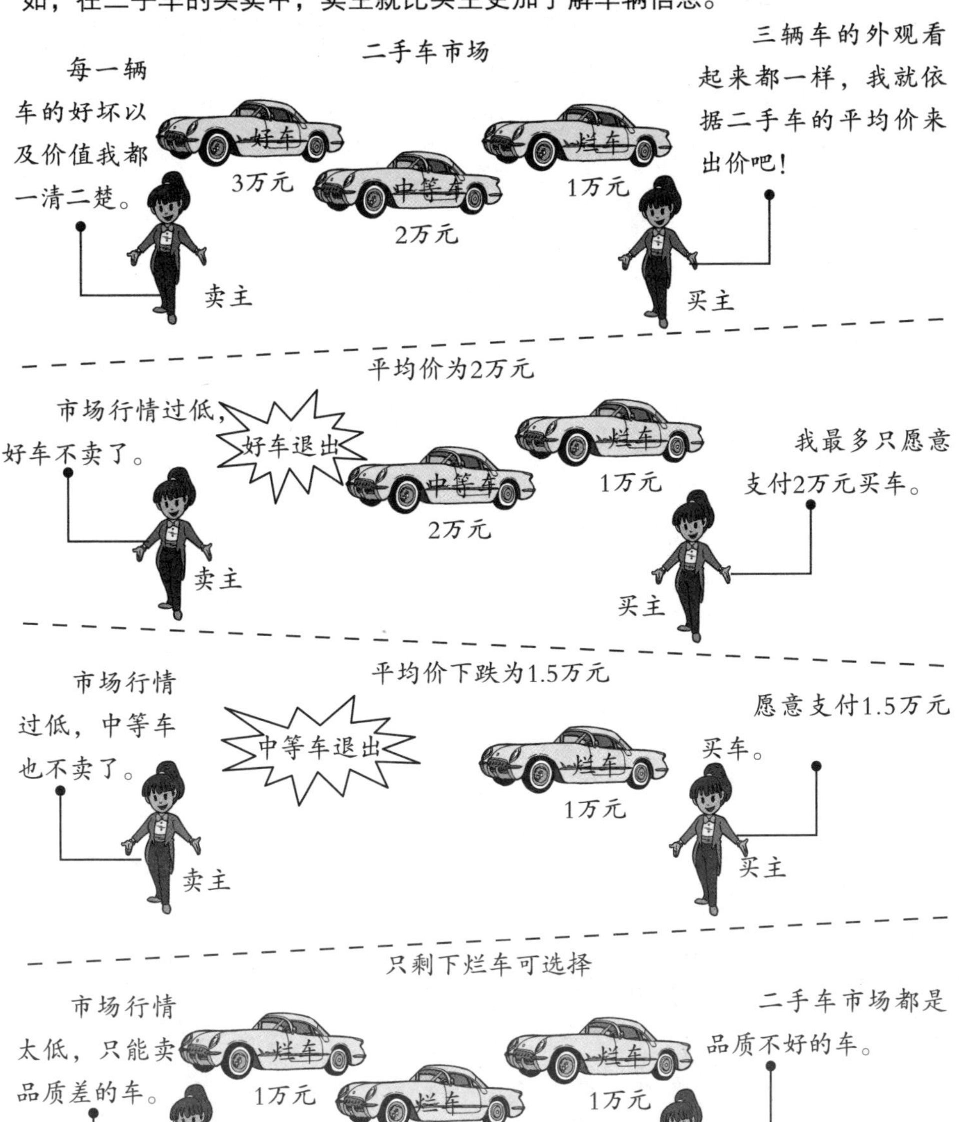

第四章

信息篇

——信息是博弈成功的筹码

>>> 信息的优劣和多寡决定胜算

>>> “井底之蛙”难逃被渴死的命运

>>> 信息：成功的关键

>>> 利用信息不对称取得有利地位

>>> 信息不对称下的逆向选择

>>> 没有信息时善于等待时机

>>> 信息的提取和甄别

>>> 公共信息下的锦囊妙策

1 信息的优劣和多寡决定胜算

信息对于博弈的作用怎么强调都不为过。

以前有个做古董生意的人，他发现一个人用珍贵的茶碟做猫食碗，于是假装很喜爱这只猫，要从主人手里买下。古董商出了很大的价钱买了猫，之后，古董商装作不在意地说："这个碟子它已经用惯了，就一块儿送给我吧。"猫主人不干了："你知道用这个碟子，我已经卖出多少只猫了？"

古董商万万没想到，猫主人不但知道而且利用了他"认为对方不知道"的错误，大赚了一笔。由于信息的寡劣所造成的劣势，几乎每个人都会遇到。谁都不是先知先觉，那么怎么办？为了避免这样的困境，我们应该在行动之前，尽可能掌握有关信息。人类的知识、经验等，都是我们将来用得着的信息库。

华尔街早期历史上最富有的女人之一——海蒂·格林是一个典型的葛朗台式的守财奴。她曾为遗失了一张几分钱的邮票而疯狂地寻找数小时，而在这段时间里，她的财富所产生的利息足够同时代的一个美国中产阶级家庭生活一年。为了财富，她会毫不犹豫地牺牲掉所有的亲情和友谊。无疑，在她身上有许多人性中丑陋的东西，但是这并不妨碍她成为资本市场中出色的投资者。她说过这样一句话："在决定任何投资前，我会努力去寻找有关这项投资的任何一点信息。"

有了信息，行动就不会盲目，这一点不仅在投资领域成立，在商业争斗、军事战争、政治角逐中也一样有效。

《孙子兵法》说："知己知彼，百战不殆。"这说明掌握足够的信息对战斗的好处是很大的。在生活的"游戏"中，掌握更多的信息一般是会有好处的。比如谈恋爱，我们得明白他（她）有何喜好，然后才能对症下药、投其所好，不至于吃闭门羹。猜拳行令（南方人喜欢在喝酒时猜拳助兴），如果知道对方将出什么，那我们绝对会赢。

信息是否完全会给博弈带来不同的结果。有一个劫机事件的例子可以说明。假定劫机者的目的是为了逃走，政府有两种可能的类型：人道型和非人道

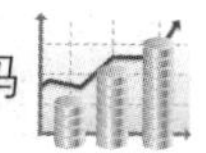

信心的优劣和多寡决定胜算

博弈双方对信息的掌握程度，往往会决定博弈的最终结果。

卖猫人的诡计

古董商掌握“碟子是古董”这条信息，便主观认为猫主人不知道。他万万没想到，猫主人不仅知道，还利用“认为对方不知道”这条错误信息，大赚一笔。

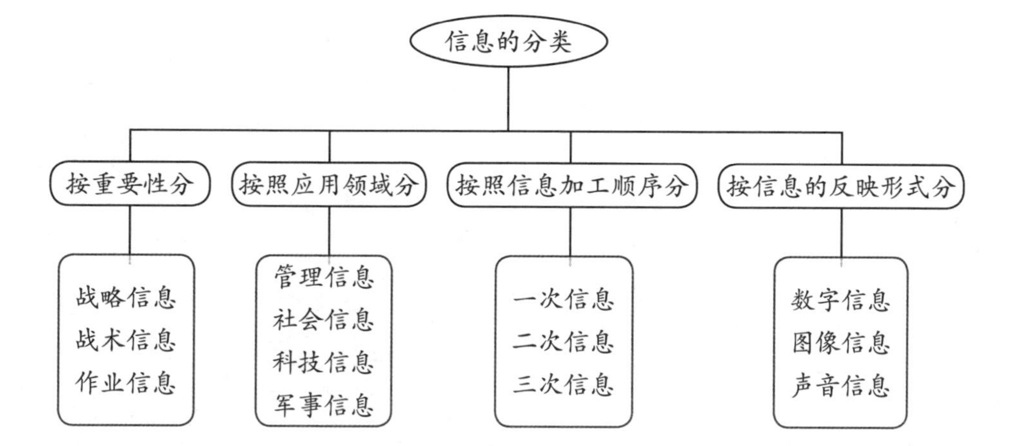

型。人道政府出于对人道的考虑，为了解救人质，同意放走劫机者；非人道政府在任何时候总是选择把飞机击落。如果是完全信息，非人道政府统治下将不会有劫机者。这一点与现实是相符的。在汉武帝时期，法令规定对劫人质者一律格杀勿论。有一次，一个劫匪绑架了小公主，汉武帝依然下令将劫匪射杀，公主也死于非命，但此后国内一直不再有劫人质者。相反，人道政府统治下将会有劫机者。但是，如果想劫机的人不知道政府的类型，那么他仍然有可能劫机。所以，一个国家要防止犯罪的发生，仅有严厉的刑罚是不够的，还要让人民了解刑罚（进行普法教育）。因为他如果不知道会面临刑罚，就不会用那些规则来约束他的行为。

人类有史以来，人们从来没有像现在这样深刻地意识到信息对于生活的重要影响。信息实际上就是我们博弈的筹码，我们并不一定知道未来将会面对什么问题，但是掌握的信息越多，正确决策的可能就越大。在人生博弈的平台上，掌握的信息的优劣和多寡，决定了我们的胜算。

知己知彼，百战不殆

获取信息的过程就如同走迷宫，第一次走很迷惑，走的次数多了，就有了技巧。而技巧的获得，就是一种获取信息的方式。

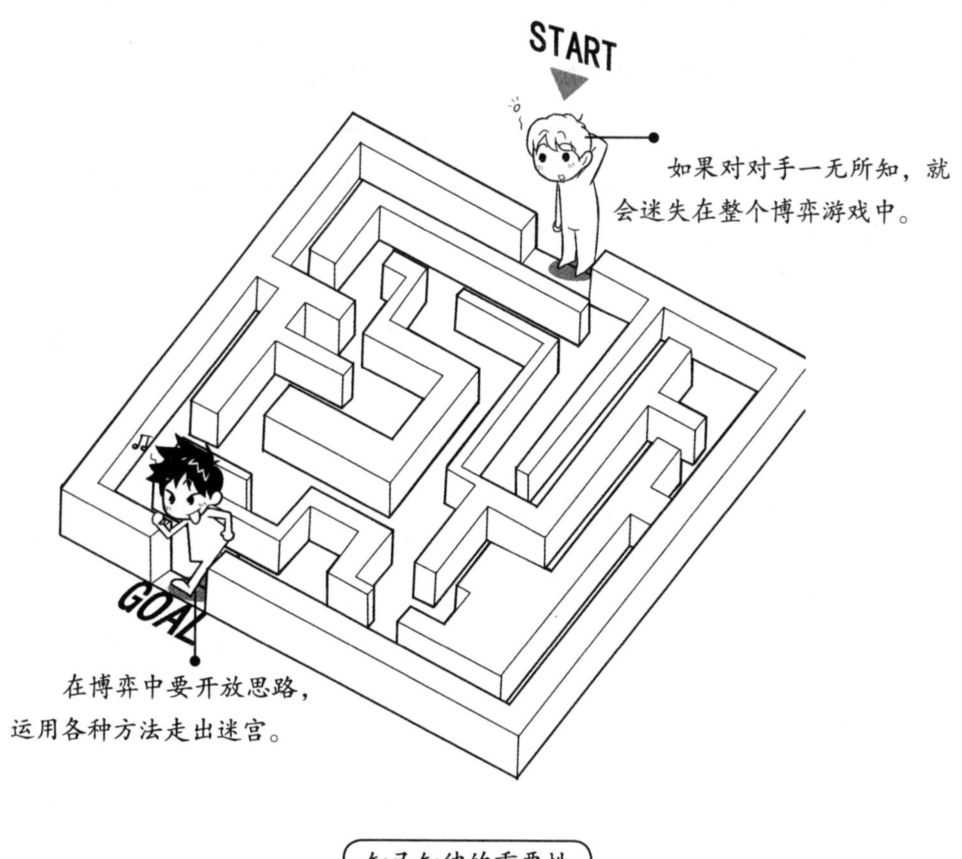

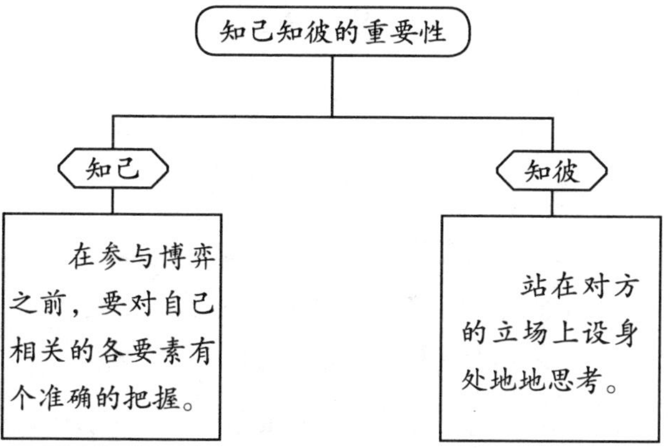

2 “井底之蛙”难逃被渴死的命运

有一只青蛙生活在井里，井里有充足的水源。它对自己的生活很满意，每天都在欢快地歌唱。

有一天，一只鸟儿飞到这里，便停下来在井边歇歇脚。

青蛙主动打招呼说：“喂，你好，你从哪里来啊？”

鸟儿回答说：“我从很远很远的地方来，而且还要到很远很远的地方去，所以感觉很劳累。”

青蛙很吃惊地问：“天空不就是那么大点吗？你怎么说是很远很远呢？”

鸟儿说：“你一生都在井里，看到的只是井口大的一片天空，怎么能够知道外面的世界呢！”

听完这番话后，青蛙很不以为然，它想：“世界就是这么大呀！”

后来，井水干涸，青蛙渴死了。

这是一个人们早已熟悉的寓言故事。故事中的青蛙由于不了解外面的信息，便以为世界只有井口那么大，从而不愿跳出井口，寻找另外的生活，最终落得个被渴死的下场。在现实生活中，为了逃脱“被渴死的命运”，我们必须努力地收集信息。

不论是在商场还是在生活的其他领域，都有广泛的信息网络，及时收集到有用的信息，是我们能够获取成功的关键。但是在收集信息的过程中，我们一定要注意辨别信息的真伪，以防被错误的信息所蒙蔽，做出错误的决策，重蹈庞涓的覆辙。

公元前341年，魏国和赵国联合攻打韩国，韩国向齐国告急。齐王派田忌率领军队前去救援，径直进军大梁。魏将庞涓听到这个消息，率师撤离韩国回魏，而齐军已经越过边界向西挺进了。当时齐国的军师孙膑对田忌说：“那魏军向来凶悍勇猛，看不起齐兵，齐兵被称作胆小怯懦。善于指挥作战的将领，就要顺应着这样的趋势而加以引导。兵法上说：‘用急行军走百里和敌人争利的，有可能折损上将军；用急行军走五十里和敌人争利的，可能有一半士兵掉

收集信息要有技巧

有两种人：一种人不善于收集信息，如井底之蛙，故步自封，另一种人如庞涓，信假为真。

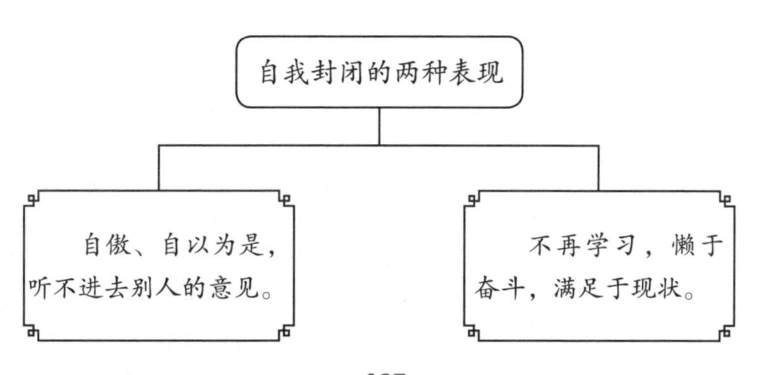

队。'命令军队进入魏境先砌十万人做饭的灶，第二天砌五万人做饭的灶，第三天砌三万人做饭的灶。"

庞涓行军三日，看到齐国军队中的灶越来越少，就特别高兴地说："我本来就知道齐军胆小怯懦，进入我国境才三天，开小差的就超过了半数啊！"于是他放弃了步兵，只和轻装精锐的部队日夜兼程地追击齐军。孙膑估计他当晚可以赶到马陵。马陵的道路狭窄，两旁又多是峻隘险阻，适合埋伏军队，孙膑就叫人砍去树皮，露出白木，写上："庞涓死于此树之下。"然后又命令一万名善于射箭的齐兵隐伏在马陵道两边，约定晚上看见树下火光亮起，就万箭齐发。庞涓当晚果然赶到砍去树皮的大树下，看见白木上写着字，就点火照树干上的字，上边的字还没读完，齐军伏兵就万箭齐发。魏军大乱，互不接应。庞涓自知无计可施，败局已定，只能拔剑自刎。

在庞涓与孙膑的博弈中，庞涓最终落得个拔剑自刎的结局，就是因为他被孙膑制造的假信息所迷惑。为了跳出"井口"，寻找更大的发展空间，我们必须努力收集信息，同时甄别信息；否则，结局可能会比不跳出去更悲惨。

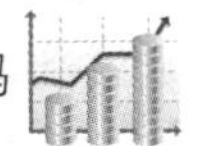

收到假信息的后果

庞涓死于树下的故事

庞涓行军三日，看到齐国军队中的灶越来越少，就放弃了步军，中了敌人的计策，最终惨败。

惨败原因

不论是在商场还是在生活的其他领域，拥有广泛的信息网络，及时收集到有用的信息，是我们能够获取成功的关键。

3 信息：成功的关键

生命的意义在于掌握主动，而掌握主动的途径就是比别人更早、更快地获取信息。

罗斯柴尔德家族是控制世界黄金市场和欧洲经济命脉二百年的大家族，他们极其重视信息和情报。内森这位传奇式人物的表现很让人称道，但最让人称奇的是，仅仅在几小时之内，他就在股票交易中赚了几百万英镑。

故事发生在1815年6月20日，伦敦证券交易所一早便充满了紧张气氛。由于内森在交易所里是举足轻重的人物，而交易时他又习惯地靠着厅里的一根柱子，所以大家都把这根柱子叫作“罗斯柴尔德之柱”。现在，人们都在观望着“罗斯柴尔德之柱”。

就在前一天，英国和法国之间进行了关联两国命运的滑铁卢战役。如果英国获胜，毫无疑问，英国政府的公债将会暴涨；反之，如果拿破仑获胜的话，公债必将一落千丈。

因此，交易所里的每一位投资者都在焦急地等候着战场的消息，只要能比别人早知道一步，哪怕半小时、十分钟，也可趁机大捞一把。

战事发生在比利时首都布鲁塞尔南方，与伦敦相距非常遥远。因为当时既没有无线电，也没有铁路，除了某些地方使用蒸汽船外，主要靠快马传递信息。而在滑铁卢战役之前的几场战斗中英国均吃了败仗，所以大家对英国获胜抱的希望不大。

这时，内森面无表情地靠在“罗斯柴尔德之柱”上开始卖出英国公债。“内森卖”的消息马上传遍了交易所。于是，所有的人都毫不犹豫地跟进。瞬间英国公债暴跌，内森继续面无表情地抛出。

正当公债的价格跌得不能再跌时，内森却突然开始大量买进。交易所里的人给弄糊涂了，这是怎么回事？内森玩的什么花样？追随者们方寸大乱，纷纷交头接耳。正在此时，官方宣布了英军大胜的捷报。

交易所内又是一阵大乱，公债价格持续暴涨。而此时内森却悠然自得地

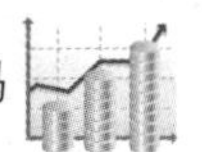

提前掌握信息的重要性

内森率先掌握了信息，说明在博弈中，谁抢占先机，谁就能获得优势。

没有抢占先机的人，只能被动地迎接即将到来的挑战。

抢占先机的最优方案，就是牢牢抓住一切有利的信息和情报。

靠在柱子上欣赏这乱哄哄的一幕。无论内森此时是激动不已也好，或者是陶醉在赢得的胜利喜悦之中也好，总之他发了一笔大财。

表面上看，内森似乎在进行一场赌资巨大的赌博，如果英军战败，他要损失一大笔钱。实际上这是一场精密设计好的赚钱游戏。

滑铁卢战役的胜负决定英国公债的行情，这是每一个投机者都十分明白的，所以每一个人都渴望比别人先一步得到官方情报。唯独内森例外，他根本没想到依靠官方消息，他有自己的情报网，可以比英国政府更早知道实际情况。

罗斯柴尔德家族遍布西欧各国，他们视信息和情报为家族繁荣的命脉，所以很早就建立了横跨全欧洲的专用情报网，并不惜花大钱购置当时最快最新的设备，从有关商务信息到社会热闹话题无一不互通有无，而且情报的准确性和传递速度都超过英国政府的驿站和情报网。正是因为有了这一高效率的情报通讯网，内森才能比英国政府抢先一步获得滑铁卢的战况。

另外，内森的高明之处还在于他懂得欲擒故纵的战术。要是换了别人，得到情报后便会迫不及待地买进，无疑也可赚一笔。而内森却想到利用自己的影响先设一个陷阱，造成一种假象，引起公债暴跌，然后再以最低价购进，大发一笔横财。这个抢先一步发大财的故事，足以说明提前掌握情报和信息对于博弈的重要性。

博弈中，除去信息的因素，大家赢的机会均等。此时，谁能抢占先机，谁就能获得优势。而抢占先机的最有效的途径，就是提前抓住有利的信息和情报。

如何获得信息

常见获得信息的方法一般有四种：

与人交谈时，可以获得有用信息。

看书、看报时，可以获得有用信息。

1	2
3	4

看电视可以获得有用信息。

通过发达的网络可以获得更多有用的信息。

4 利用信息不对称取得有利地位

在博弈中，往往会出现某一方所知道的信息并不为对方所知晓的情况，这时候也就产生了信息不对称。信息不对称往往使我们在博弈中处于被动选择的不利地位。但是在特定的情况下，我们也可以利用信息的不对称来做出正确的决策。

曹操与袁绍之间的官渡之战就是一次信息不对称下的博弈。在这场战争中，曹操掌握了许攸所提供的信息，曹与袁之间虽然实力悬殊，但曹操的信息明显多于袁绍，他们之间的信息是不对称的。在曹、袁之间的博弈中，曹操在信息上显然优于袁绍。我们看一下官渡之战的场面：

建安四年，袁绍组织十万大军，战马万匹，进驻黎阳（今河南浚县东北），企图直捣许都，一举消灭曹操。五年正月，曹操为了避免腹背受敌，率军东进徐州，击溃与袁绍联合的刘备，逼降关羽，占据下邳（今江苏邳县南），接着进驻易守难攻的官渡，严阵以待。二月，袁绍派大将颜良南下，包围了白马（今河南滑县东）。曹操只有两万兵马，力量对比悬殊，于是采纳了荀攸的建议，采取声东击西、分其兵力的作战方针。四月，曹军从官渡到延津（今河南延津北），做出要北渡黄河袭击袁绍后方的姿态，袁绍急忙分兵西迎曹军。曹军乘势进袭白马，杀袁绍大将颜良。袁绍闻讯派兵追来，曹军又斩袁绍大将文丑。曹军士气大振，然后还军官渡，伺机破敌。七月，袁军主力进至官渡北面的阳武（今河南原阳东南）。八月，袁军接近官渡，军营东西长达数十里。曹操在敌众我寡的情况下，采取积极防御的方针，双方在官渡相持了数月。在这期间，曹操一度准备放弃官渡，退守许都。荀彧提出，撤退会造成全面被动，应该在坚持中寻找战机，出奇制胜。曹操依其计。十月，袁绍派淳于琼率兵一万多押送大量粮食，囤积在袁军大营以北约四十里的故市、乌巢（今河南延津东南）。沮授建议袁绍派兵驻扎粮仓侧翼，以防曹军偷袭，遭袁绍拒绝。谋士许攸也提出，趁曹军主力屯驻官渡、后方空虚的机会，派轻兵袭许都，袁绍又不采纳。

官渡之战是历史上以少胜多的著名战役，弱小的曹操之所以能战胜强大的袁绍，是由于其掌握了袁绍的重要信息。

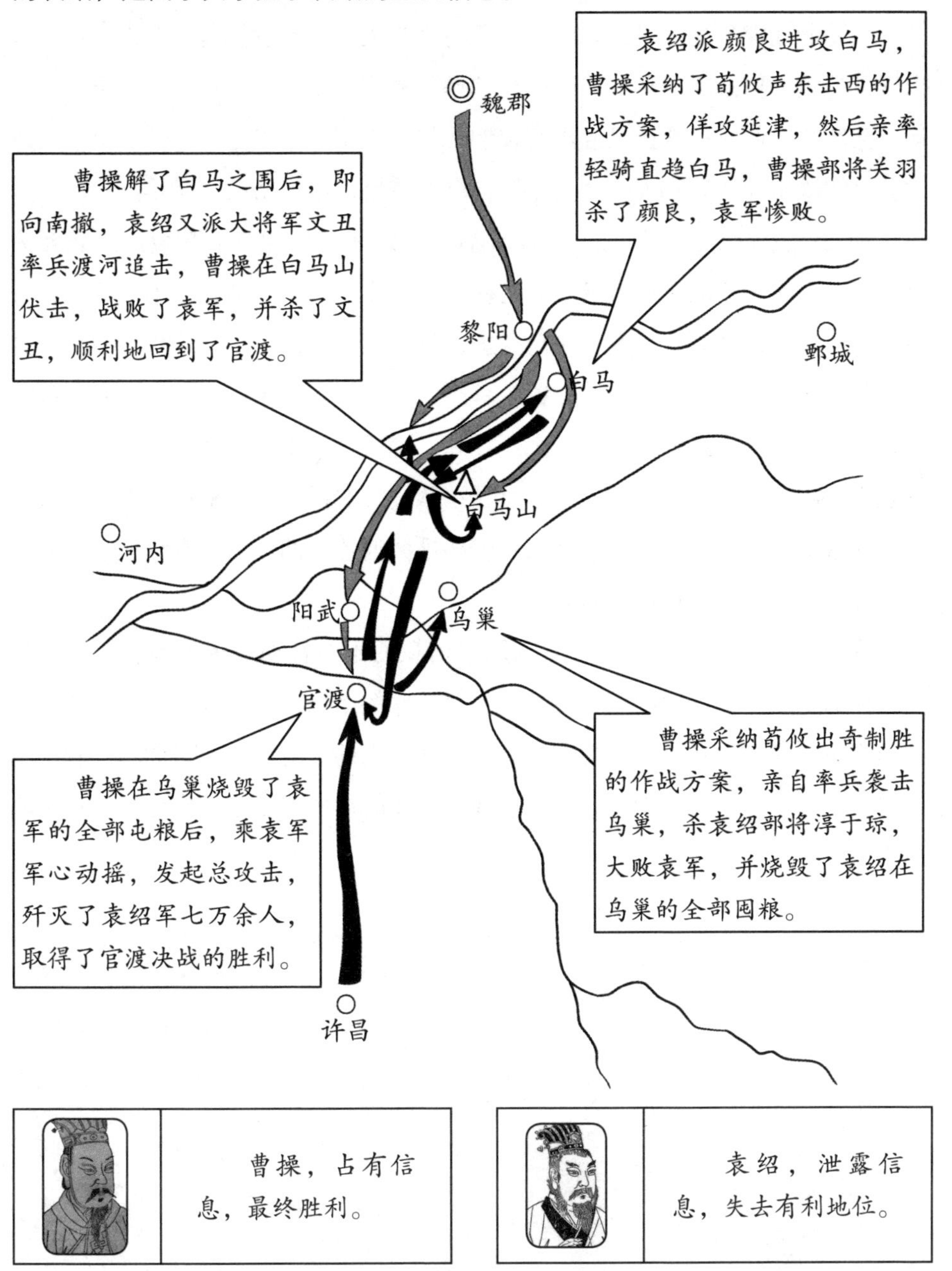

	曹操，占有信息，最终胜利。

	袁绍，泄露信息，失去有利地位。

至此时，双方还是袁绍占据优势，但袁绍刚愎自用的性格使袁军失去了好几次攻破曹操的机会。袁绍的谋士给他提出的信息和策略是真实可行的。在意见没有被采纳后，许攸一怒之下，投奔了曹操，并告知曹操袁军的虚实，以及袁绍用酒徒淳于琼守乌巢的信息，而乌巢是袁绍的粮食基地。在这场博弈里出现了严重的信息不对称，曹操此时掌握了袁绍最重要的信息，而袁绍对曹操却不甚知之，此时的曹操已经没有粮饷，如果袁绍率军出击，恐怕历史就要改写。袁绍既不知道曹操虚实，也不知自己的重要军事机密已经泄露。

而另一边的曹操听闻许攸的建议后果断地决定留曹洪、荀攸固守官渡大营，亲自率领步骑五千偷袭乌巢。是夜，曹军乘袁军毫无准备，围攻放火，焚烧军粮。袁绍误认为官渡曹营一定空虚，派高览、张郃率主力攻打，而只派少量军队援救乌巢。结果官渡曹营警备森严，防守坚固，未能攻下，同时，曹操却猛攻乌巢，杀死守将淳于琼，全歼袁军，烧毁全部囤粮。消息传来，袁军十分恐慌，内部分裂，张郃、高览率所属军队投降曹操。曹操乘机出击，大败袁军，歼敌七万余人。袁绍父子带八百骑兵逃回河北。两年后，袁绍郁愤而死。此役为曹操统一北方奠定了基础。

在这一次博弈中，曹操就是利用了信息的不对称而取得了胜利。在信息不对称的情况下，博弈的双方更难以掌握博弈的结局，因为双方不但不知道彼此的策略选择，而且对有关博弈结局的公共知识的了解都是不对称的，有的掌握得多些，有的掌握得少些，显然掌握得多些的局中人更容易作出正确的策略选择。

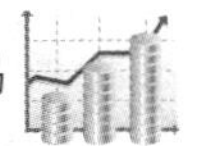

完全信息博弈与不完全信息博弈

根据博弈的参与人掌握信息多少的不同，博弈又分为完全信息博弈和不完全信息博弈。

下象棋

象棋、围棋都是完全信息博弈。棋手每走一子，目前的棋局提供了决策所需的所有信息。

打桥牌

在桥牌里，你并不知道伙伴手中的牌，也不知道坐在左右两边对手手里的牌。你在做决策时，必须对其他三位手中的牌做一个估计，而没有确切的信息。

5 信息不对称下的逆向选择

掌握信息比较充分的人，往往处于比较有利的地位，而信息贫乏的人，则处于比较不利的地位。依据该理论，在信息不对称的前提下，交易中的卖方往往故意隐瞒某种真实信息，使得买方最后的选择并非最有利于买方自己，这种选择就叫作逆向选择。

在诸葛亮与司马懿西城大战期间，两人都成功地利用信息不对称，通过逆向选择给对方制造了很大的麻烦。最后，司马懿杀了孟达，诸葛亮吓跑了司马懿，两人打了个平手。

诸葛亮和降魏原蜀将孟达商议好，孟达在新城举事反魏，准备攻取洛阳，诸葛亮率蜀军主力攻取长安。当诸葛亮听说司马懿官复原职，在宛、洛起兵，于是派人提醒孟达，一定要小心司马懿，不能轻视。孟达觉得不必害怕司马懿，宛城离洛阳大约八百里，到新城有一千二百里。司马懿要是知道自己想反魏举事，一定会向魏主禀报的。这样一来，时间至少需要一个多月，那时，自己已把城墙加固好了，司马懿就是来了也没有什么用了。“人言孔明心多，今观此事可知矣”，诸葛亮真是多虑了。

司马懿知道孟达准备反魏，便想到如果先上奏魏王，待魏王回复来回要一个月，那时早已无济于事了，于是他来了个逆向选择，日夜兼程，不到十日便赶到新城擒获了孟达。

在这个回合中，司马懿胜就胜在利用信息的不对称而“出其不意，攻其不备”。司马懿利用逆向选择赢了孟达，诸葛亮“以彼之道，还施彼身”，在西城，空城计的成功同样归功于诸葛亮的逆向选择。

耳熟能详的空城计可谓是把信息不对称发挥到极致。在空城计这一回合中，司马懿对诸葛亮的了解也就是孟达的水平。在他眼里，诸葛亮是一个“不见兔子不撒鹰”的主。而这次诸葛亮偏不这样，他来了个逆向选择。只见西城四个城门大开，不见一兵一卒。诸葛亮披鹤氅，戴纶巾，在城楼上，凭栏而坐，焚香操琴。结果，司马懿恐有诈，撤退了。

空城计中的逆向选择

在真实的生活中，信息相对不充分的一方也会做出有利于自己的选择。比如说，经济学大师阿克洛夫最早研究了二手车市场，他发现一辆即使是今天买了、明天就卖的车，价钱也会比原值低得多。买二手车的人对车的熟悉程度肯定不如车主，信息是严重不对称的。他们的理性选择就是认定所有的旧车都是次品车，只愿意出最低的价格。

信息不对称的双方都出于自身利益的考虑，彼此做出了不利于对方的选择，结果可能导致了双败的局面。经济学的理论已经证明了合作是最优的，众人拾柴火焰高，信息的不完全使我们失去了很多本来属于我们的东西。

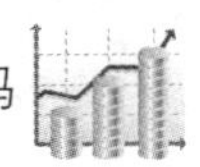

逆向选择与解决方法

逆向选择是指由于交易双方信息不对称和市场价格下降产生的劣质品驱逐优质品，进而出现市场交易产品平均质量下降的现象。

形成

市场

因买卖双方信息不对称，使得市场最后仅剩劣质品供买方选购，形成逆向选择。

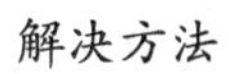

形成

市场

在卖主提供保证及信用下，买主可以保障自己选择的权益，也可以避免作出逆向选择。

6 没有信息时善于等待时机

虽然信息对于博弈很重要，但没有信息的情况也是常有的。有时时机不成熟，我们必须像猎人一样耐心地潜伏着，等待猎物出现。

正如股神巴菲特在伯克希尔·哈撒韦公司1998年年会上所说："我们已经有好几个月没找到值得一提的股票了。我们要等多久？我们要无限期地等。我们不会为了投资而投资。我们只有在发现了诱人的对象的时候才会投资……我们没有时间框架。如果我们的钱堆成山了，那就让它堆成山吧。一旦我们发现了某些有意义的东西，我们会非常快地采取非常大的行动。但我们不会理会任何不合格的东西。如果无事可做，那就什么也不做。"

在很多情况下，实力和地位与发展并不是正比关系，这时就需要有效地把自己的实力和意图隐蔽起来，静观其变，等待机会。

善于等待机会，有时也是为了麻痹对手，使他骄傲轻敌，以为我们软弱无能，然后趁其不备而出击；有时也是为转移对手的注意力，声东击西。所以，为了有效地打击对手，首先要有效地隐蔽自己、保护自己，也就是要做出假象来迷惑敌人，让他朝着我们希望的方向去行动。我们不急于出击，而以恭维的言辞和丰厚的礼品示弱，使其骄傲，待其暴露缺点，有机可乘时，我们再全力出击。

过分善良的人往往不懂得这一点，以为天下人都同自己一样，结果，以善良待人，反被邪恶伤害，成了邪恶的牺牲品。即使不以打击对方为目的，为了不遭对方打击，也不应天真地将自己的一切暴露无遗，使自己毫无还手余地。

北宋丁谓任宰相时期，把持朝政，不许同僚在退朝后单独留下来向皇上奏事。只有王曾非常乖顺，从没有违背他的意图。

一天，王曾对丁谓说："我没有儿子，老来感觉孤苦，想要把亲弟的一个儿子过继来为我传宗接代。我想当面乞求皇上的恩泽，又不敢在退朝后留下来向皇上启奏。"

丁谓说："就按照你说的那样去办吧。"

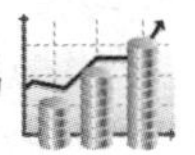

善于等待的好处

在没有信息的情况下，等待是一种智慧。

王曾趁机单独拜见皇上，迅速提交了一卷文书，同时揭发了丁谓的行为。丁谓刚起身走开几步就非常后悔，但是已经晚了。没过几天，宋仁宗上朝，将丁谓贬到崖州。

王曾能实现揭发丁谓的目的，不能不归于其善于等待机会之功。善于等待机会是事业成功和克敌制胜的关键。一个不懂得等待的人，即使能力再强、智商再高，也难战胜敌人。

一位公司老总在总结自己成功的经验时说："五年打基础，五年打天下，用它十年或二十年，终有一天，在哪里积累就在哪里成功。"这里的积累，可以说就是一种等待机会的表现。

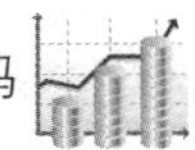

善于抓住时机的豹子

在博弈中，等待时机如同豹子捕猎。豹子常常会观察猎物及其周围的情况，一旦发现了最有利的时机，便会迅速出击。

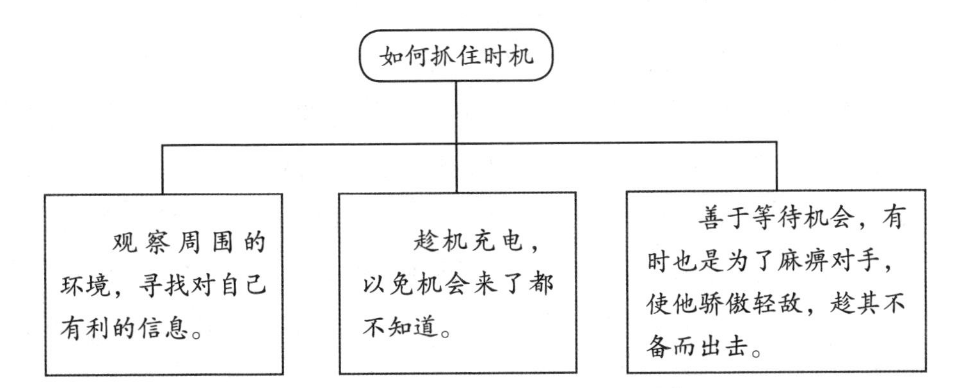

7 信息的提取和甄别

信息的提取和甄别，是博弈中一个关键的问题。在博弈过程中，不但要发出一些影响对方决策的信息，还要尽量获取对方的信息，并对这些信息进行筛选和甄别。

所罗门王曾断过一个妇女争孩子的案子。有两个妇女都说孩子是自己的，当地官员无法判断，只好将妇女带到所罗门那里。所罗门王稍想了一下，就对手下人说，既然无法判定谁是孩子的母亲，那就用剑将孩子劈成两半，两人各得一半。

这时，其中的一个妇女大哭起来，向所罗门王请求，她不要孩子了，只求不要伤害孩子，另一个妇女却无动于衷。所罗门王哈哈一笑，对那个官员说："现在你该知道，谁是那个孩子真正的母亲了吧。任何一个母亲都不会让别人伤害自己的孩子。"

在这个故事里，所罗门王并没有把这件事看作是一个非此即彼的选择，而是深入地思考，通过恐吓性的试探，提取到了情感和心理深处的信息。

所罗门王通过挖掘深层信息对事件有了更全面的把握，而有的信息不需挖掘，事件本身就一直向人们传达着信息。但这样的信息往往真假难辨，需要对其进行甄别。当然凭常识判断，有的可以一下看出信息的真假。比如市场上许多商品的商誉都是花了不小的代价建立的，有的甚至经过几十年才累积了一个品牌，而消费者对它们也格外信赖。相反，如果建立商誉的成本很小，那么大家都会建立商誉，结果等于谁也没建立商誉，消费者也不领情。在大街上，我们看惯了"跳楼价""自杀价""清仓还债，价格特优"等招牌，这也是商誉，但谁相信它是真的呢？而有的信息是以假乱真的，这种情况就需要仔细甄别以选出真正的有利信息，像所罗门王那样挖掘深层次的信息以用于事件的判断。

在日常生活中，我们会接触到各种各样的信息。这些信息有真有假，掌握了真信息，会让我们在博弈中处于有利地位。掌握了假信息，或许会让我们一败涂地。所以，在收到信息时，不要暗自窃喜，首先要动脑子，确认它的真假。

所罗门王断案

在这个案子里，两个母亲都说孩子是自己的，孩子只有一个母亲，所以，这两条信息中，必有一个是假的。

甄别信息

真正的母亲是不会伤害自己的孩子的。所罗门王用了一个计策，轻松地从一真一假两条信息中取出了真信息。

8 公共信息下的锦囊妙策

在信息共有的情况下，彼此都知道对方的情况和虚实，就需要一些设局之策来达到博弈胜利的目的。所谓兵不厌诈，双方在知己知彼的情况下，就需要利用一些计谋来取得胜利。

利用公共信息环境，施展诡计取胜，在三国时期经常上演。赤壁之战中，周瑜施计骗蒋干，就达到了这样的功效。

当时，曹操率领八十三万大军，准备渡过长江，占据南方。与此同时，孙刘联合抗曹，但兵力比曹军要少得多。曹操的队伍都由北方骑兵组成，善于马战，但不善于水战。正好有两个精通水战的降将蔡瑁、张允可以为曹操训练水军。曹操把这两个人当作宝贝，优待有加。

一次，东吴主帅周瑜见对岸曹军在水中排阵，井井有条，十分在行，心中大惊。他想一定要除掉这两个心腹大患。

曹操一贯爱才，他知道周瑜是个军事奇才，很想拉拢他。曹营谋士蒋干自称与周瑜曾是同窗好友，愿意过江劝降。曹操当即让蒋干过江说服周瑜。

周瑜见蒋干过江，一个反间计就已经酝酿成熟了。他热情款待蒋干，酒席上，只叙友情，不谈军事，堵住了蒋干的嘴巴。

周瑜佯装大醉，约蒋干同床共眠，并且故意在桌上留了一封信。蒋干偷看了信，原来是蔡瑁、张允写来，约定与周瑜里应外合，击败曹操。这时，周瑜说着梦话，翻了翻身子，吓得蒋干连忙上床。过了一会儿，忽然有人要见周瑜，周瑜起身和来人谈话，还装作故意看看蒋干是否睡熟。蒋干装作沉睡的样子，只听周瑜他们小声谈话，虽听不清楚，但听见提到蔡、张两人。于是蒋干对蔡、张两人和周瑜里应外合的计划确认无疑。他连夜赶回曹营，让曹操看了周瑜伪造的信件，曹操顿时火起，杀了蔡瑁、张允。等曹操冷静下来的时候，就知道中了周瑜的计。表面上曹操掌握了对方的信息，而实质上周瑜采用的反间计，不仅没有给蒋干做说客的机会，而且还除掉了蔡瑁、张允两个心腹大患，可谓是一举两得。

周瑜的反间计

在战争中，反间计就是故意让敌人“知道”我方将要采取策略的情报，其实这只是一个诱敌上钩的假情报。

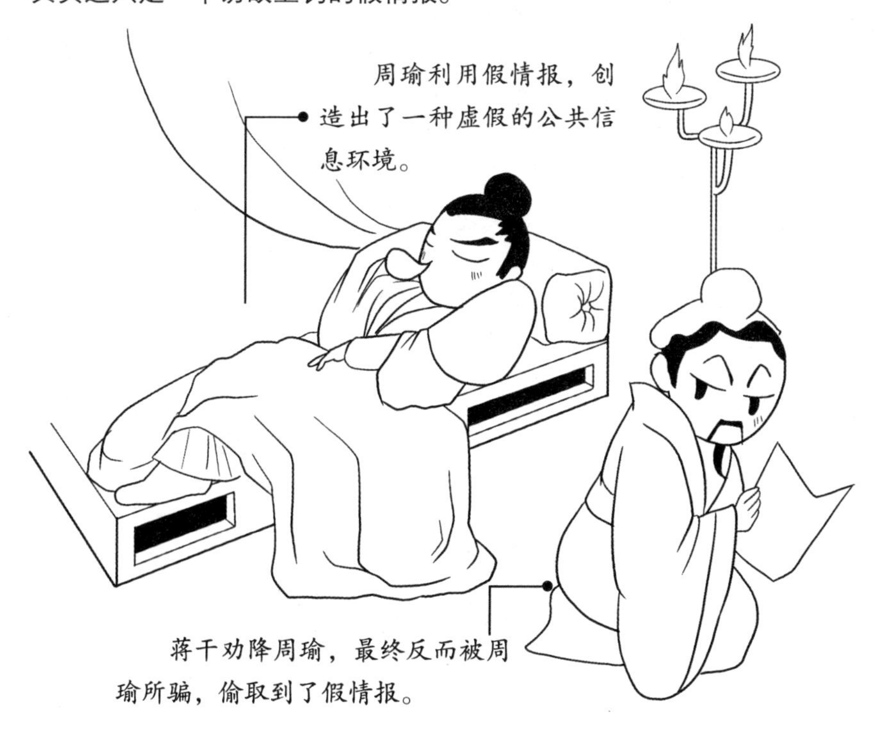

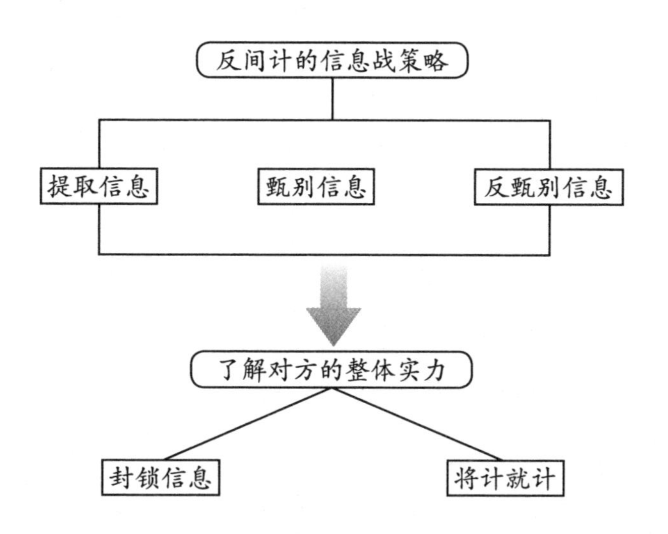

第五章 生活篇

——现实生活中的博弈策略

1 博弈无处不在——发现生活中的博弈现象

博弈与生活关系密切，它可以解释我们生活的方方面面，如朋友、婚姻、工作等，即使是身边的琐事都是博弈论的应用。

博弈者的身边充斥着具有主观能动性的决策者，他们的选择与其他博弈者的选择相互作用、相互影响。这种互动关系自然会对博弈各方的思维和行动产生重要的影响，有时甚至直接影响其他参与者的决策结果。

比如，有七个人组成一个小团体共同生活，他们想用非暴力的方式解决吃饭问题——分食一锅粥，但是没有任何容器称量。怎么办呢?

大家试验了这样一些方法：

方法一：拟定一人负责分粥事宜。很快大家就发现这个人为自己分的粥最多，于是换了人，结果总是主持分粥的人碗里的粥最多最好。结论：权力导致腐败，绝对的权力绝对腐败。

方法二：大家轮流主持分粥，每人一天。虽然看起来平等了，但是每个人在一周中只有一天吃得饱且有剩余，其余六天都饥饿难耐。结论：资源浪费。

方法三：选举一位品德尚属上乘的人。开始还能维持基本公平，但不久他就开始为自己和溜须拍马的人多分。结论：毕竟是人不是神。

方法四：选举一个分粥委员会和一个监督委员会，形成监督和制约。公平基本做到了，可是由于监督委员会经常提出多种议案，分粥委员会又据理力争，等粥分完，早就凉了。结论：类似的情况政府机构比比皆是。

方法五：每人轮流值日分粥，但是分粥的人最后一个领粥。结果呢？每次7只碗里的粥都是一样多，就像科学仪器量过的一样。

怎么样？用博弈论解决喝粥问题，最后大家都会高高兴兴地喝粥。这就是博弈论在生活中的妙用，生活中的许多问题只要我们正确运用博弈的思维方法，就能轻而易举地得到解决。

分粥中的博弈

我们生活中会遇到许多类似分粥的问题，如何科学分配，涉及规则的建立。

一人负责分粥

分粥的人不是自己多留，就是多分给溜须拍马的人。

一人分粥，一人监督

监督委员会经常提出不同意见，等到分完，粥都凉了。

分粥人最后一个领粥

粥得到了平均分配，大家开开心心喝粥。

2 理性与非理性的较量

博弈是经济学概念，而经济学的建立是以理性经济人假设为基础的。假如说每个人都是理性的，那么，当两人发生利益冲突时，是理性，还是非理性，就要看双方在博弈的时候，理性所起的作用有多大。因为作为个体的人都是感性的，但分析事物时又都是理性的，而当我们按理性思维去操作时，又难免流于感性，感性和理性往往同在。所以，在博弈过程中，我们要根据理性和感性谁起的作用更大，来选择自己用什么策略。

三国时期，曹操轻松地得到了刘表的荆州之后，却遭遇了赤壁的惨败，从此形成三分天下之势，曹操一统天下的战略功亏一篑。有人说，曹操的这次失败，是偶然的，只是方针的制定上不够周全。

其实，对于曹操的这个战略，运用博弈论来解释，他的失败是必然，并不是偶然，是无法避免的。这次失败不是战略的失败，也不是实力的失败，而是曹操在为人处世上的失败，即败在缺乏应有的理性上。

当然，在一定条件下，尤其是策略的选择，有时根据需要，非理性的选择也是博弈论中经常运用的重要抉择。

比如，很久以前，在北美地区活跃着几支以狩猎为生的印第安人部落。令人匪夷所思的是：在狩猎之前，请巫师作法，在仪式上焚烧鹿骨，然后根据鹿骨上的纹路确定出击方向的印第安人部落，成为唯一的幸存者；而事先根据过去成功经验，选择最可能获取猎物方向出击的其他部落，却最终都销声匿迹了。

也许有人会感到不可思议，“科学预测”怎么能败给“巫师作法”呢？其实不然，仔细品味故事的来龙去脉，我们就会发现，问题的关键并不在于科学与迷信之间，根本原因就在于几个部落的竞争战略有所不同。

依据经验进行预测并确定前进方向的部落，或许暂时能够获得足够的食物，但是不久的将来，他们的路就会越走越窄。可以想象，随着时间的推移，

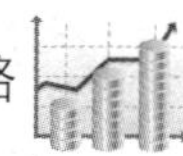

那些“理性”的部落之间，势必产生相同的推测与判断，瞄准同一目标的部落越来越多，他们之间的竞争不断加剧，他们每天的狩猎方向经过“科学分析”之后，也变得日趋一致。而在原始的状态下，猎物不会迅速增多，最后，这些部落只好在同样的狩猎区域，你争我夺、你拦我抢，拼个鱼死网破，同“输”而归。显然在这场理性与非理性的较量中，非理性成了最后的胜者。

其实，现实生活中的企业界又何尝不是如此。某个领域的市场需求增大，十个、数十个甚至上百个企业因为对目标市场的共同期盼，纷纷杀将而来，结果呢？市场有效需求并没有因为他们的频频光顾而迅速增大，僧多粥少，就会有人“挨饿”，直至撤退和消亡。这样的例子不胜枚举，彩电业界、VCD业界、手机业界、PC业界……

而按照巫师作法、焚烧鹿骨的那个印第安人部落，虽然在战略上出现了很明显的错误，盲从和随意，但是基于其当时的条件，从更宏观的角度来判断，我们不难发现，其核心因素——竞争战略，却要优于竞争对手。可以说其在发现新市场或者创造新需求，这样一来，无形之中，就避开了与其他部落之间在战略层面的相互厮杀，从而赢得了生存空间。

不可回避的是，随着时间的推移，在竞争将变得异常激烈之时，世界各国企业之间相互模仿的速度就会骤然加快，这必将导致一场印第安人部落生存式的“狩猎游戏”。

死于理性的印第安人部落

经过“科学分析”确定狩猎方向，使得瞄准同一目标的部落越来越多，他们之间的竞争不断加剧，猎物不会迅速增多，最后，同“输”而归。

博弈中的理性与非理性

1

博弈是经济学概念，经济学以理性经济人假设为基础，即每个人都是理性的。

2

当两人发生利益冲突时，是理性，还是非理性，就要看双方在博弈的时候，理性所起的作用有多大。

现代企业间的竞争

在竞争将变得异常激烈之时，世界各国企业之间相互模仿的速度就会骤然加快，这必将导致一场印第安人部落生存式的“狩猎游戏”。

3

作为个体，每个人都兼具理性和感性。当我们按照理性思维去办事时，又难免感性。

4

要根据理性和感性谁的作用大，来选择自己的策略。

3 用博弈，学做人

人生无处不博弈，博弈论也可以应用于我们的为人之道，比如诚信问题。博弈论告诉我们，与人交往最重要的是要获得最大利益。如果是一次博弈，我们以后与博弈的另一方再也没有见面的机会了，那么我们可能会骗对方，因为欺骗他，对我们来说才是最大的利益；如果我们和一个人会不断有合作机会，那么我们肯定不会骗对方，这是一个常识。

“诚信”可能是时下中国人最稀缺的一种道德资源了，有人还曾断言：当代中国最大的危机是信用危机。这话并非危言耸听，看看社会上花样翻新的行骗手段，铺天盖地的假冒伪劣产品，诚信问题确实亟待解决。

现在我们看到社会上有些人弄虚作假、坑蒙拐骗后，人生还好似一帆风顺。其实，这些都是表面的和暂时的。谁愚弄了诚信，诚信也将最终愚弄谁。即使他们当中极少数的人能逃脱被诚信惩罚的命运，他们的余生也必定将会暗暗地受到良心的谴责。而对于真正言必信、行必果，诚实守信的人，他们的人生也许会遭受一时的挫折，但时间永远是公平的智者，最终将会对他们的言行做出最公允的评判。只有讲诚信的人才会走上人生的坦途。

有这么一个反面的故事：

“年轻人，如果你想在这里工作，”老板说，“有一件事你必须学会。那就是，我们这个公司要求非常干净。你进来时在蹭鞋垫上擦鞋了吗？”

“哦，我擦了，先生。”

“另一件事是我们要求非常诚实，我们门口没有蹭鞋垫。”

结果，毫无疑问，这个年轻人失去了这一次工作机会。其实我们不难发现，如今企业在用人时越来越看重应聘者的人品。在智商相差不大的情况下，考虑应聘者的价值观是否和企业的理念相符，越来越成为企业招聘的一种趋势。如果一个人没有了诚信，那就等于失去了和大家真诚交往、和社会信用接触的机会。企业怎还敢轻易录用这样的人？

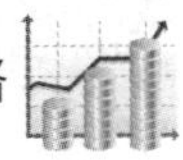

在这个竞争激烈的社会，诚信也成为每个人立足社会不可或缺的无形资本。恪守诚信是每个人应当有的生存和发展理念之一。诚信的人必将受到人们的信赖和尊重，从而享有做人的尊严和发展事业、服务社会的机遇。每一个人在步入社会之前，都应该认真地分析评价一下自己的价值观和人生理念，树立包括诚信在内的健康的价值观，把“诚信”这两个字刻进我们心灵的深处，用一生的言行去践行它。只有当我们对于诚信的修养提高了，我们的人生才有可能走上一条“可持续发展的道路”，才能更好地抓住宝贵的人生际遇，让自己真正成为社会的栋梁之材。

树立诚信的品质，讲究道德的修养不是我们的主观要求，而是每个人利益最大化的要求，这是符合博弈论的。目前的中国由于缺乏诚信，导致大量交易成本的浪费。有的人有项目，因为诚信的缺失而无人投资；有的人有才华，也是由于诚信的缺失而无用武之地。只要每个人都懂得用博弈、学做人，做人以诚，做事以精，这样我们的社会环境就会得到净化，我们也不用担心遇到骗子，也不用在防骗上浪费那么多的心思和精力了。

做人要讲诚信

曾子杀猪教子

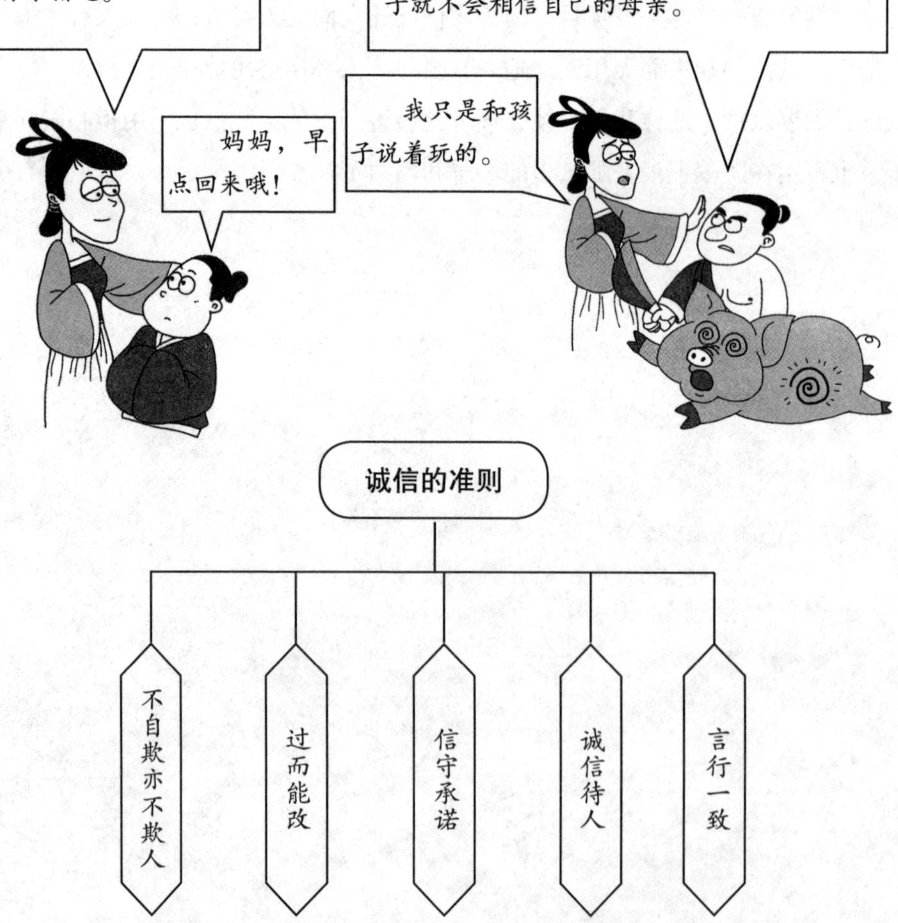

今人缺乏诚信

大
苹果

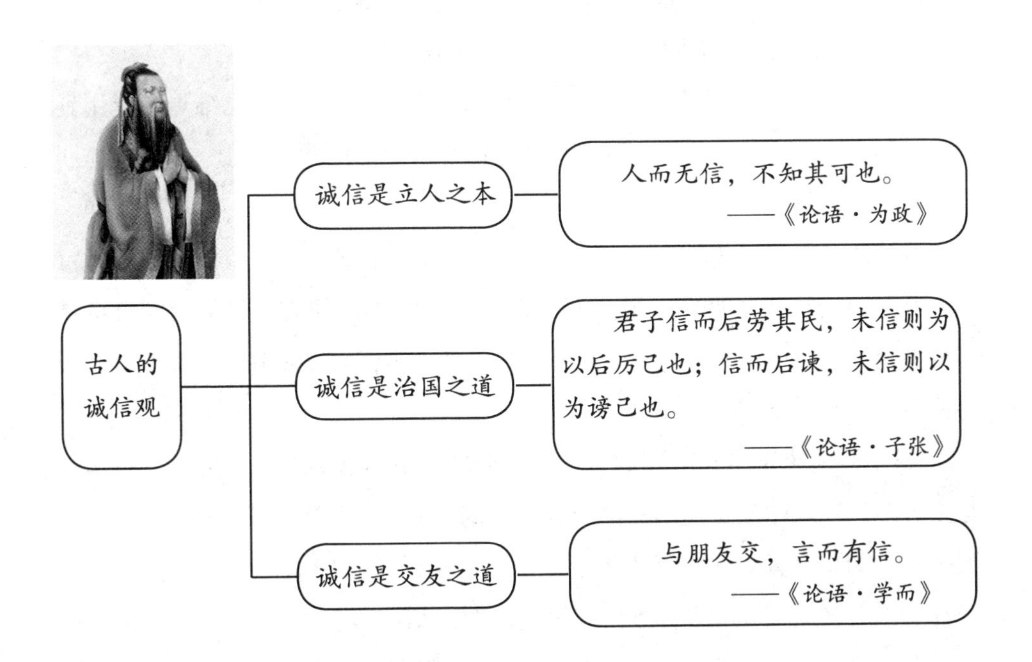
古人的
诚信观
诚信是立人之本
人而无信，不知其可也。
——《论语·为政》
诚信是治国之道
君子信而后劳其民，未信则为以后厉己也；信而后谏，未信则以为谤己也。
——《论语·子张》
诚信是交友之道
与朋友交，言而有信。
——《论语·学而》

4 用博弈解决生活的难题

博弈策略的成功运用需依赖一定的环境、条件，在一定的博弈框架中进行。许多成语及典故，都是对博弈策略的令人叫绝的运用和归纳。

成语故事“黔驴技穷”实际上就包含了一个不完全信息动态博弈。毛驴刚到贵州时，老虎摸不准这个大动物究竟有多大本领，因而躲在树林里偷偷观察，这在老虎当时拥有的信息条件下是一种最优策略选择。过了一段时间，老虎走出树林，逐渐接近毛驴，就是想获得有关毛驴的进一步信息。一天，毛驴大叫一声，老虎吓了一跳，急忙逃走，这也是最优策略选择。又过了一些天，老虎又来观察，并与毛驴挨得很近，往毛驴身上挤碰，故意挑衅它。毛驴在忍无可忍的情况下，就用蹄子踢老虎，除此之外，别无他法。老虎在了解到毛驴的真实本领后，就扑过去将它吃了。在这个故事里，老虎通过观察毛驴的行为逐渐修正对毛驴的看法，直到看清它的真面目。事实上，毛驴的策略也是正确的，它知道自己的技能有限，总想掩藏自己的真实技能。

博弈论在古代已经得到了广泛的应用，而现在的博弈论思维更是应用到了生活的方方面面，比如下面这个用博弈论解决生活难题的例子——怎样与朋友分摊房租问题。

有个人用博弈论想了一个合理的分摊房租的模型。按这一模型分租，每个人都觉着自己占了便宜，而且双方占了同样大小的便宜。最坏的情形也是“公平合理”。如果有谁吃亏了，那一定是他想占便宜没占到，因此他吃亏也是说不出口的。模型如下：

A和B两人决定合租一套两室一厅的公寓，房租费为每月550元。1号房间是主卧室，宽敞明亮，屋内有一单独卫生间。2号房间相对小一些，用外面的卫生间，如果有客人来当然也得用这个。A的经济条件稍好，B则穷困一些。现在怎么分摊这550元的房租呢？按照模型的第一步，A、B两人各自把自己认为合适的方案写在纸上。A_1，A_2，B_1，B_2分别表示两人认为各房间合适的房

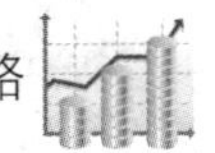

租。显然，$A_1+A_2=B_1+B_2=550$。

第二步，决定谁住哪个房间。如果$A_1>B_1$（必然$B_2>A_2$），则A住1号B住2号；反之，则A住2号B住1号。比如说，$A_1=310$，$A_2=240$；$B_1=290$，$B_2=260$（可以看出，A宁愿多出一点儿住好点儿的房间，而B则相反），所以A住1号，B住2号。

第三步，定租。每间房间的租金等于两人所提数字的平均数。A的房租=（310+290）/2=300，B的房租=550-300=（240+260）/2=250。结果：A的房租比自己提的数目小10，B的房租也比自己愿出的少了10，都觉得自己占了便宜。

分析如下：

（1）由于个人经济条件和喜好不同，两人的分租方案就会产生差别，按照普通的办法就不好达成一致意见。在模型中，这一差别是“剩余价值”，被两人“分红”了，意见分歧越大，“分红”越多，两人就越满意。最差的情形是两人意见完全一致，谁也没占便宜没吃亏。

（2）说实话绝不会吃亏，吃亏的唯一原因是撒谎了。假定A的方案是他真心认为合理的，那么不论B的方案如何，A的房租一定会比自己的方案低。对B也是一样。

什么样的情形A才会吃亏呢？也就是分的房租比自己愿出的高呢？举一例：A猜想B_1不会大于280，所以为了分更多的剩余价值，他写了$A_1=285$，$A_2=265$，那他只能住2号房间，房租是262角5元，比他真实想出的房租多了22元5角。可他是因为想占便宜没说实话才吃了哑巴亏的。

（3）从博弈论上分析这一模型不一定是最佳对策，特别是在对对方的偏好有所了解的情况下，但是说实话绝不会吃亏。

（4）三人以上分房也可用此模型，每个房间由出最高房租者居住，房租取平均值。

在这个模型中，经过博弈策略的选择，达到了使各方均衡的多赢局面。可见，掌握一些博弈的思维对我们的生活是有很大帮助的。

黔驴技穷中的博弈思维

黔驴技穷

这个故事生动地说明，世界上有很多东西貌似强大，样子很可怕，但其实没有什么可怕的。用博弈思维来思考，我们发现，毛驴和老虎都运用了策略。

老虎的策略：

老虎通过观察毛驴的行为逐渐修正对毛驴的看法，直到看清它的真面目。

毛驴的策略：

毛驴知道自己的技能有限，总想掩藏自己的真实技能。

如何解决房租问题

租房模型

步骤	方案	租房公式
第一步	A、B两人各自把方案写在纸上，A_1、A_2、B_1、B_2为各自认为合适的房租	$A_1+A_2=B_1+B_2=550$
第二步	决定谁住在哪个房间	如果，$A_1>B_1,A_2<B_2$,则$A=1,B=2$；反之，$A=2$，$B=1$
第三步	定租金	A的房租=（A_1+B_2）÷2 B的房租=总房租−A的房租=（A_2+B_2）÷2

5 和自己的贪婪博弈

我们经常说："欲望是无底深渊。"是的，一生我们都在和自己的欲望进行博弈。权钱交易的根源也是人类自身的贪婪，正是因为贪婪，很多本应有大好前途的人，结果毁了自己的一生。我们要和自己的贪婪做斗争，因为战胜了自己，也就战胜了一切。人类最大的敌人就是自己的贪婪，不管是做生意还是做官，人们总是得陇望蜀，得到的东西总是不珍惜，而得不到的却总是念念不忘。

一个乞丐在大街上垂头丧气地往前走着。他衣衫褴褛、面黄肌瘦，看起来很久没有吃过一顿饱饭了。他不停地抱怨："为什么上帝就不照顾我呢？为什么唯独我这么穷呢？"

上帝听到了他的抱怨，出现在他面前，怜惜地问乞丐："那你告诉我吧，你最想得到什么？"乞丐看到上帝真的现身了，喜出望外，张口就说："我要金子！"上帝说："好吧，脱下你的衣服来接吧。不过要注意，只有被衣服包住的才是金子，如果掉在地上，就会变为垃圾，所以不能装得太多。"乞丐听后连连点头，迫不及待地脱下了衣服。

不一会儿，金子从天而降。乞丐忙不迭地用他的破衣服去接金子。上帝告诫乞丐："金子太多会撑破你的衣服。"乞丐不听劝告，仍兴奋地大喊："没关系，再来点，再来点。"正喊着，只听"哗啦"一声，他那破旧的衣服裂开了一条大口子，所有的金子在落地的那一瞬间全变成了破砖头、碎瓦片和小石块。

上帝叹了口气消失了。乞丐又变得一无所有，只好披上那件比先前更破、更烂的衣服，继续着他的乞讨生涯。

在生活中，有些人就像那个贪婪的乞丐，抵不住"贪"字的诱惑，灵智为之蒙蔽。

在商品社会，许多人经不住贪私之诱，以身试法，大半生清白可鉴，却

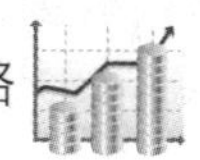

晚节不保，而贪得无厌的结果是一无所有。贪欲迟早会把人带入“赔了夫人又折兵”的境地。

可是要避免贪婪是非常困难的，因为人毕竟是有私心的动物，而且会有许多假象迷惑我们。

一股细细的山泉，沿着窄窄的石缝，叮咚叮咚地往下流淌，多年后，在岩石上冲出了3个小坑，而且还被泉水带来的金砂填满了。

有一天，一位砍柴的老汉来喝山泉水，偶然发现了清冽泉水中闪闪的金砂。惊喜之下，他小心翼翼地捧走了金砂。

从此，老汉不再受苦受穷，不再翻山越岭砍柴。过个十天半月的，他就来取一次砂，不用多久，日子就富裕起来。

人们很奇怪，不知老汉从哪里发了财。

老汉的儿子跟踪窥视，发现了父亲的秘密。他埋怨父亲不该将这事瞒着，不然早发大财了。儿子向父亲建议：拓宽石缝，扩大山泉，不是能冲来更多的金砂吗？

父亲想了想：自己真是聪明一世，糊涂一时，怎么就没有想到这一点？

说干就干，父子俩便把窄窄的石缝拓宽了，山泉比原来大了好几倍，又凿了深石坑。

父子俩累得半死，却异常高兴。

父子俩天天跑来看，却天天失望而归，金砂不但没有增多，反而从此消失得无影无踪，父子俩百思不得其解。

因为自己的贪婪，父子俩连最基本的小金坑都没有了。原因是水流大了，金砂就一定不会沉下来了。在生活中，我们要处处克制自己的贪婪。在与贪婪博弈的时候，选择无欲则刚的策略。不管外在的诱惑有多么大，仍岿然不动，即使错过时机也不后悔，因为我们对事物的信息掌握得很少。在不了解信息的情况下，我们尽量不要想获得，就像金砂一样，虽然表面看来是因为水流冲下来的，但这是一条假信息，迷惑了这对父子。在不确定一个事物的情况下，只靠想当然和表面现象是不行的。世间的信息瞬息万变，我们又该怎么办呢？我们只能防止自己的贪欲，不妄求，不妄取。

人人都有贪欲

乞丐的贪欲

生活中很多人，就如这个乞丐，总是想得到更多，却没有想过自己真实的承载能力。

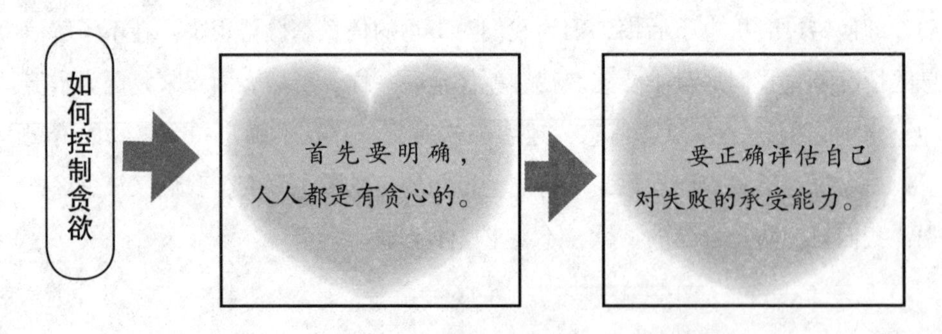

学会和自己的贪婪博弈

消失了的金砂

当遇到“便宜”时，要积极思考，剔除假信息。

什么事情都要懂得适可而止。

6 随机应变让复杂问题简单化

某个村庄只有一名警察，他要负责整个村的治安。小村的两头住着全村最富有的村民A和B，A和B需要保护的财产分别为2万元和1万元。某一天，小村来了个小偷，要在村中偷盗A或B的财产，这个消息被警察得知。因为分身乏术，警察一次只能在一个地方巡逻；而小偷也只能偷盗其中一家。若警察在A家看守财产，而小偷也选择了去A家，小偷就会被警察抓住；若小偷去了警察没有看守财产的B家，则小偷偷盗成功。

一种最容易被警察采用而且也更为常见的做法是，警察选择看守富户A家财产，因为A有2万元的财产，而B只有1万元的财产。

这种做法是警察的最好策略吗？答案是否定的。因为我们完全可以通过博弈论的知识，对这种策略加以改进。

实际上，警察的一个最好的策略是抽签决定去A家还是B家。因为A家的财产是B家的2倍，小偷光顾A家的概率自然要高于B家，不妨用两个签代表A家，抽到1号签或2号签去A家，抽到3号签去B家。这样警察有2／3的机会去A家做看守，1／3的机会去B家做看守。

而小偷的最优选择是以同样抽签的办法决定去A家还是去B家实施偷盗，即抽到1号签或2号签去A家，抽到3号签去B家。那么，小偷有2／3的机会去A家，1／3的机会去B家。这些数值可以通过联立方程准确计算出。此时警察和小偷所采取的便是混合策略。所谓混合策略，是指参与者采取的不是唯一的策略，而是其策略空间上的概率分布。在通常情况下，遭遇“警察与小偷”博弈时，双方采取混合策略的目的是为了战胜对方，是一种对立者之间的斗智斗勇。但实际上，当我们与别人合作的时候，也会发生混合性策略博弈。

如果甲正在和乙通话，电话断了，而话还没说完，这时每个人都有两个选择，马上打给对方，或等待对方打来。

注意：一方面，如果甲打过去，乙就应该等在电话旁，好把自家电话的

线路空出来，如果乙也在打给甲，双方只能听到忙音；另一方面，假如甲等待对方打电话，而乙也在等待，他们的聊天就没有机会继续下去了。

一方的最佳策略取决于另一方会采取什么行动。

这里又有两个均衡：一个是甲打电话而乙等在一边，另一个则是乙打电话而甲等在一边。

博弈论中有一个结论：纳什均衡点如果有两个或两个以上，则结果难以预料。对于这个出现了两个纳什均衡点的打电话博弈，我们该如何从博弈论中求解呢？

我们可以把所谓“纳什均衡点如果有两个或两个以上，结果就难以预料”，理解为“没有正确（或者固定）答案”。也就是说，我们无法从博弈论中得知到底该怎么做。

明显可以看出，这类博弈与我们之前谈到的囚徒困境博弈有一个很大的差别，就是没有纯策略均衡，而只有混合策略均衡。所谓纯策略，是参与者一次性选取的，并且坚持他选取的策略。而混合策略是参与者在各种备选策略中采取随机方式选取的。

在生活中遇到这类问题时，我们只能按照惯例或者随机应变。一种解决方案是，原来打电话的一方再次负责打电话，而原来接电话的一方则继续等待电话铃响。这么做有个显而易见的理由：原来打电话的一方知道另一方的电话号码，反过来却未必是这样。另一种可能性是，一方可以免费打电话，而另一方不可以（比如他是在办公室而她用的是住宅电话）。在通常情况下，还有另一种解决方案，即由较热切的一方主动再打电话，如一个“煲电话粥”成瘾的家庭主妇对谈话的热情很高，而她的同伴未必这样，在这种情况下通常是她再打过去。若恋爱中的男女遇到这种情况，通常也是由主动追求者再打电话。

生活中的许多事情复杂而多变，有时我们冥思苦想也无法找到满意的答案，这时不妨玩一下“剪刀、石头、布”的游戏，来一个随机的选择，随机应变地把复杂的问题简单化，轻轻松松地将问题解决。

将复杂问题简单化的策略集合

警察和小偷的策略

博弈双方 \ 受保护者	A家	B家
警察	1，2	3
小偷	1，2	3

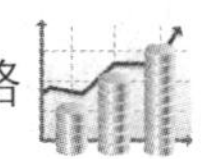

策略集合的分类

类型	定义
纯策略	参与者在他的策略空间中选取唯一确定的策略。
混合策略	混合策略是对每个纯策略分配一个概率而形成的策略。
	完全混合策略是个混合策略，其对每个纯策略都分配了一个不为零的概率。

混合策略与纯策略的区别

	A	B
A	1，1	0，0
B	0，0	1，1

一个玩家选择列，另一个玩家选择行。列玩家得到第一个收益，行玩家则得到第二个收益。若列玩家偏向百分之百选择A，则称他在玩纯策略。若行玩家偏向以掷硬币来决定，若花朝上则选择A，若字朝上则选择B，则称他在玩混合策略，而非纯策略。

7 应试教育与素质教育的无奈抉择

对于应试教育带来的种种弊端，人们开始痛斥这种戴着镣铐的教育方式。于是在教育专家的指点下，又打出了素质教育的旗号。这种教育方式提出了很多年，但结果如何呢？素质教育喊得震天动地，应试教育搞得扎扎实实，或者打着素质教育的幌子，肆无忌惮地搞应试教育，甚至还出现了这样的怪现象：有的教师因搞素质教育而未出好成绩，哭着向学生家长做检讨，“再也不搞素质教育了”，想想真是揪心。

现在我们的教育到底是应试教育，还是素质教育？什么是真正的素质教育？是不是要把应试教育彻底打倒？应试教育和素质教育真的是一对水火不相容的博弈吗？在这种博弈中，到底谁能够占据上风呢？两者能够发展成为合作性博弈吗？

在现实中，一方面，孩子仍然在为分数而奋斗。因为分数是好好读书的唯一体现，意味着上好大学，暗示着好的将来，这种观念仍然在普通家庭中根深蒂固。另一方面，对于所谓的素质教育，很多家长存在曲解，认为素质教育就是学音乐、美术、书法等。于是家长就分数教育和“素质教育”一起抓，不仅“两手抓”，而且“两手都要硬”，完全不考虑孩子的天赋，不顾及孩子的承受能力，不征求孩子的意见，强令孩子学习所谓的特长，结果又把素质教育演变成一种更苦的应试教育。

由此可见，在我们的现实教育中，不管是家庭教育还是学校教育，应试教育大有市场，素质教育却被人曲解。在应试教育与素质教育的博弈中，应试教育占据了明显的上风。

既然应试教育占据了上风，是不是社会主体就支持这种“唯分数决定论”的应试教育呢？中国社会调查所进行的教育专题专项调查显示，82%的公众认为素质教育能够促进个性发展，76%的公众认为片面追求升学率影响学生综合素质的培养。由此可见，对于应试教育的危害，普通社会公众是深有感

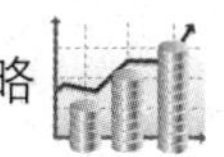

触，而且加以否定的。与此同时，普通社会公众对于素质教育的了解程度不尽如人意，43%的被访者不了解素质教育所包括的内容，仅有14%的被访者非常了解素质教育包括的内容。这也许就是某些家长把素质教育又变成另一种“应试教育”的根源。

我们所要提倡的真正的素质教育，并不是简单地设立几个琴棋书画培训班，不是单纯地去乡村体验生活，更不是机械理解下的不考试、不留作业。其真正的内涵，乃是培养孩子的健全人格，促进孩子的全面发展。

从教育本身来看，素质教育更加符合社会的需要，符合人成长的需要。但是，素质教育在博弈中输给了应试教育，根源何在？

素质教育无法与应试教育相抗衡，无法形成合作性博弈的根本原因还是人们的内心深处对“人才”的错误认识。家长希望孩子读大学，学校升学率是他们择校首先考虑的因素，而学校是否能实行素质教育居于次要位置。在这种大众压力的驱使下，学校也就陷入了素质教育与应试教育的博弈中：一方面希望自己能成为推行素质教育的好榜样，另一方面也不得不考虑本校升学率。于是可以看到一种连锁反应：好学校生源越来越多，学校收取的择校收入也越来越多，教学条件因而得以改善，师资配备也逐渐增强，好学校越来越好，形成良性循环，而所谓的弱学校则会陷入恶性循环。

民族的生存与发展寄托于人才，一个没有人才的民族是没有希望的民族，一个人才观错误的民族同样是一个没有希望的民族。也许，我们所有的人都需要认真考虑什么是人才，什么是教育，我们的国家、我们的民族到底需要什么样的人才，我们必须实施怎样的教育。只有把这些问题都真正弄清楚了，应试教育与素质教育的对抗性博弈才会真正消融。

应试教育和素质教育

应试教育

应试教育以考试和分数来衡量一个学生的好坏。

现在的素质教育

某些家长眼里的素质教育仍然没有脱离应试教育的本质。

对抗性博弈与合作性博弈

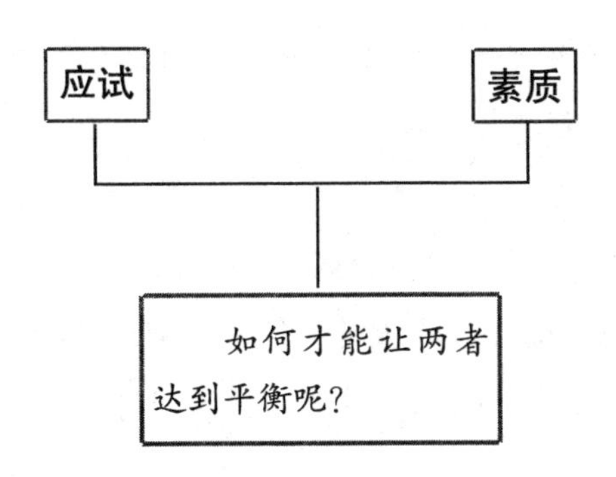

对抗

应试教育导致学生除了会考试外，其他的基本生存技能严重缺失。

在现有教育体制下，搞素质教育，孩子的分数得不到提高，最终还是考不上大学。

合作

应试教育与素质教育可以互补。在应试教育过程中并非不能培养学生的素质，同时应试教育的强制性可以使学生不得不去培养一些素质。另外，如果对学生的素质教育得当，也可以帮助他在应试教育中成为佼佼者。

8 女博士为何会成为“第三种人”

现在社会上流传着“男人、女人、（未婚）女博士”三种性别的调侃。在很多人眼中，女博士是人，但不是男人，也不是女人，而是第三种人。

博士本来就很少了，女博士在庞大的中国人口大军中更是凤毛麟角。按照“物以稀为贵”的道理，她们应该是社会的佼佼者，是各个领域的“抢手货”，是时代的骄子，是上帝的宠儿，但现实中，她们却连女人也不算。难道女博士的生活会有什么特别吗？难道是女博士已经失去了自己的性别特征和女人优势？不管怎么说，当前我们的现实生活中，女博士这个群体的确遭到一些难以言明的奇怪礼遇。让我们来看看这个事例：

一位毕业于某医科大学的女博士，毕业后被高薪聘任为主治医生，接近而立之年却没有找到自己的另一半。这位女博士在好友的鼓励下，登载了征婚启事，最初实话实说，刊载：某女，28岁，医科大学博士毕业，现在某医院任主治医生，月薪6 000元，希望与……征婚启事刊载三个月，居然没有一封鸿雁传书。无奈之际，在某高人指点下，重新设置条件：某女，28岁，医科大学硕士毕业，现在某医院任职，月薪4 000元，希望与……刊载月余，仍然应者寥寥，无法从中找到理想伴侣；最后该女博士再次刊载：某女，28岁，医科大学本科毕业，现在某医院任职，皮肤白皙，容貌娇艳，月薪2 000元，希望与……刊载半月，求婚信犹如雪片般飞来，其中不乏男硕士，居然还有三位海外留学归来的博士。

究竟是什么原因导致了女博士遭受如此境遇？作为博士，这本身就是不小的成就。但在上面的事例中，明明是医学博士，主治医生，拥有令人羡慕的薪水，却只能把自己说成是本科生，才能得到寻找配偶的机会。女博士真的是区别于我们的“第三种人”？这关键就在于中国的传统文化。男人的自私心理，没有给女博士一个良性发展、正常交流和表现自己的机会。

在男性与女性的博弈中，男性总是成为规则的制定者和执行者，而女性

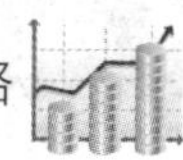

只能被动接受。在古代，自从男人掌握政治、社会、文化权力之后，就使“夫为妻纲”，要求女子“在家从父，出嫁从夫，夫死从子”，剥夺了女人应有的各种权利，让女人绝对服从男人，成为他们的附庸。这样就形成了一种权利的单向性，女人总是被牢牢地掌握在男人的手掌心。

进入现代，女子开始获得解放，走入学校，获得了接受教育的机会，男人开始恐惧了；到当代，女人独立自主的劲头越发高涨，女博士不断涌现，活跃在社会的各个舞台，长期以自我为中心的男人受不了。于是女博士是第三性的说法就不胫而走，许多言论都对她们持不太肯定甚至是否定的态度，使她们的平等权利遭到剥夺，这其实也就是古代被男人们所推崇的“女子无才便是德”的翻版。唯有如此，男人才能满足几千年积淀的大男子主义。所以，女博士是第三性的说法，恰恰说明现代中国男人思想的匮乏，说明现代中国男人的恐惧，说明他们怕失去男女博弈中的主导权。

距离知识最近的女博士却距离爱情最远，让人心酸；花费巨大代价跨入了博士门槛，却成为社会花边新闻的主角。一个女博士难嫁的社会，折射出的是男性群体的不自信，折射出这个社会离男女真正平等还有很长的距离。毕竟，在我国男女平等的博弈中，男子始终占据上风。所以，当女博士成为一个群体的时候，她们就站在了男女平等博弈的最前沿，遭受种种攻击和非议，被迫接受种种不公平，甚至是奇怪的待遇，就不足为奇了。

对女博士的偏见

在很多人眼中，女博士是人，但不是男人，也不是女人，而是第三种人。

其实这是一种偏见，在生活中有很多类似的例子。

妻子是博士，我才是一个本科生。

妻子升职了，而我还是一个小职员。

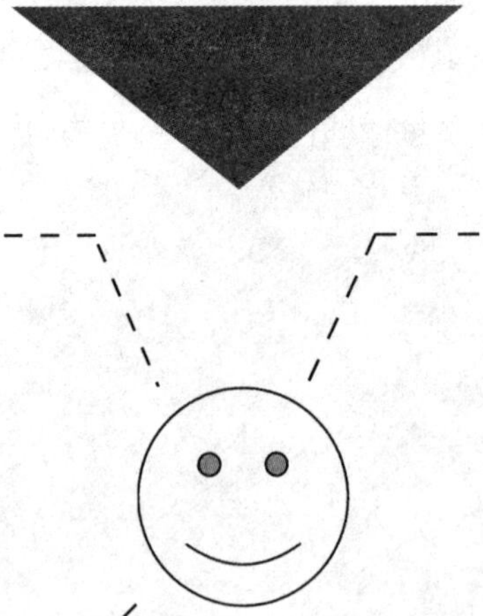

妻子工资赚得比我多。

妻子家庭条件比我好。

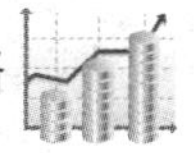

夫妻生活中的博弈

女博士现象产生的原因

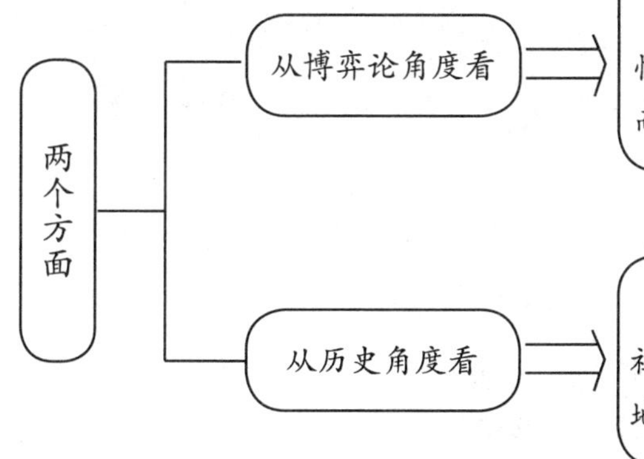

在男性与女性的博弈中，男性成为规则的制定者和执行者，而女性只能被动接受。

在我国，自从男人掌握政治、社会、文化权力之后，就千方百计地要让女人成为男人的附庸。

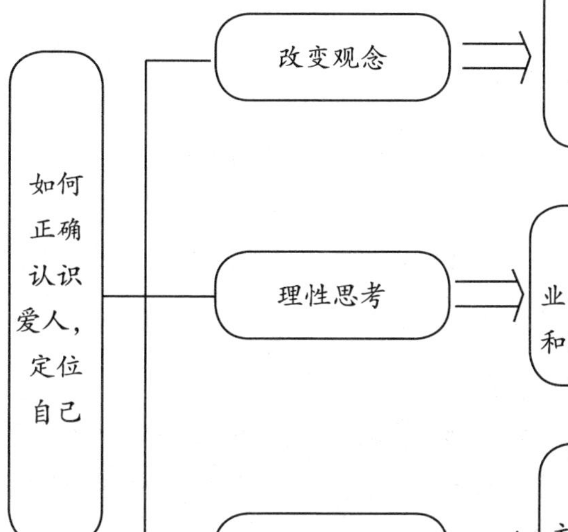

要真正树立男女平等、夫妻平等的观念。

要客观、理性地认识彼此的职业、能力和水平，认识彼此的优势和不足。

要打破旧有的、传统的“男主外，女主内”的家庭模式，建立“合理分工、彼此协作、民主团结”的新型家庭模式。

9 孩子，捧在掌心上的“小皇帝”

一位母亲为她的孩子伤透了心，以致不得不去找心理问题专家。

专家问：“孩子第一次系鞋带的时候，打了个死结，从此以后，你是不是不再给他买有鞋带的鞋子了？”母亲点了点头。

专家又问：“孩子第一次洗碗的时候，打碎了一只碗，从此以后，你是不是不再让他走近洗碗池了？”母亲称是。

专家接着说：“孩子第一次整理自己的床铺，整整用了两个小时的时间，你嫌他笨手笨脚了，对吗？”这位母亲惊愕地看了专家一眼。

专家又说道：“孩子大学毕业去找工作，你又动用了自己的关系和权力，为他谋得了一个令人羡慕的职位。”这位母亲更惊愕了，从椅子上站了起来，凑近专家问：“您怎么知道的？”

专家说：“从那根鞋带开始知道的。”母亲问：“以后我该怎么办？”

专家回答：“当他生病的时候，你最好带他去医院；他要结婚的时候，你最好给他准备好房子；他没有钱时，你最好给他送钱去。这是你今后最好的选择，别的，我也无能为力。”

这是美国心理学家华莱士在他的著作《父母手记：教育好孩子的101种方法》中提到的一个例子。这个事例说明了什么问题？教育学家说这是教育的失败，是母爱的泛滥而形成的溺爱；心理学家则会认为这是“恋母情结”造成对母亲的依赖。如果从博弈的角度来看，这却是一场长期一边倒的博弈，其最终的结局是一场双输的零和博弈。

事例中，母亲总是把儿子看作长不大的孩子，为孩子代劳一切，从一根鞋带开始，一步步滑向“深渊”，致使孩子长大后无法适应社会。在这个过程中，母亲是不断地“付出”，孩子是心安理得地享受，所以，这是一边倒的博弈，只是母亲和孩子都没有意识到他们是在进行一场博弈。作为母亲，她希望孩子健康、快乐、快速地成长，所以什么都包办代替；作为孩子，他把一切都

认为理所当然。短期来看，因为孩子那些微不足道的问题，在母亲手中是简单易行的，所以这种一边倒的“合作”博弈恶果显示不出。但从长期来看，当这位母亲对长大的儿子遇到的问题已经无能为力，而儿子除了依赖母亲也不会寻找别的办法时，必然引发激烈的矛盾和冲突，所以，母亲与儿子博弈的最终结局是一场双输的零和博弈。

孩子是父母生命的延续，是家庭的希望。因为太爱自己的孩子，父母都会倾注自己的心血去塑造孩子。但越是这样，越要清醒地认识到，父母与孩子除了血缘关系，还有一种博弈关系，要与孩子形成合作性博弈，就要用正确的方式教导孩子。孩子越小，可塑性越大，形成合作性博弈的概率也就越大。有许多家长，特别是初为父母者，往往认为孩子尚小，不懂事，早期教育作用不大，等到长大再教也不迟。结果是纵容迁就孩子，使孩子养成诸多恶习，最终与父母走向对抗，形成一种非合作性博弈，真是令人心酸。

孩子能否健康成长，取决于父母是否正确教育。如果一厢情愿地认为孩子长大后自然会明白，一味姑息纵容，无异于在培养“家庭的小皇帝”。缺乏健康心态的“小皇帝”必然是趾高气扬、唯我独尊。这时候父母再希望他们听话、合作就不可能了，因为他们的关系已经从家长与子女的关系变成了“君臣关系”，他们已经没有平等合作博弈的基础了。

为了孩子的将来，也为了自己，善良的父母请多点理性，少点冲动，不要总是把孩子捧在掌心，让他们成为骑在父母头上的“家庭小皇帝”。

“家庭小皇帝”是如何产生的

初为父母者，认为孩子小不懂事，纵容迁就孩子，使孩子养成诸多恶习，最终与父母走向对抗，形成一种非合作性博弈。

家长

一味地为孩子代劳，结果孩子失去基本的生存能力，一切都依赖父母。

孩子

认为父母做一切事情都是理所当然的。

原因

	一边倒博弈
描述	一方不断地付出，另一方心安理得地享用。
结局	双输的零和博弈。

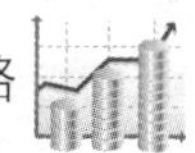

如何避免产生“家庭小皇帝”

要与孩子形成合作性博弈，就要用正确的方式教导孩子。孩子越小，可塑性越大，形成合作性博弈的概率也就越大。

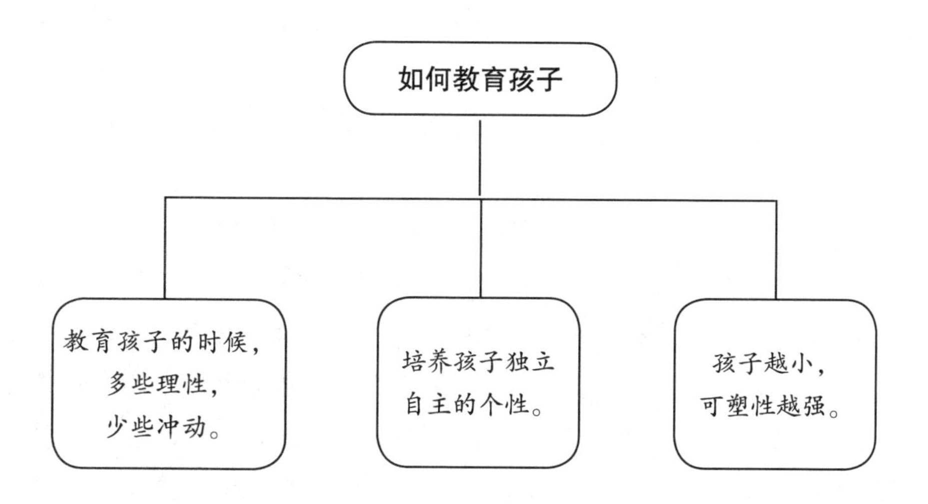

10 可爱又可恨的会员卡

会员制度是一种“进口”商品。用会员卡能节省钱，似乎成为消费者的共识；用会员卡能吸引顾客，也似乎成为商家最惯用的营销手段。会员卡似乎成为商场、酒店、美容院等一切服务行业吸引回头客的亮点。用会员卡消费，似乎成为一种时尚。“您办了会员卡了吗”成为一种时尚的问候语。

然而，是否拥有会员卡就能从中受益呢？会员卡到底是商家一项长期的战略性营销策略，还是暂时获取利益的手段？是不是所有的人都赞成或者使用会员卡呢？会员卡仅仅是一种盈利和省钱的博弈策略吗？要想找到答案，我们就先来看看下面的案例。

杨女士家附近新开了一家超市，实行会员制，声称消费30元积累一分，积累到一定分数就能够换取电饭煲、洗衣机、冰箱等不同物品。她盘算一下，自己家里一年的消费少说也有几万元，半年就可以积累到一台冰箱的分数。于是家中大到家用电器，小到一袋味精她都在该超市买。一年下来，杨女士积累了上万分。可等她带着家人兴冲冲地去换冰箱时，却只拿到了一袋420克洗衣粉。原来，据超市解释，积累的分数3个月结算一次，不主动结算，自动作废。杨女士发现像自己一样情况的人员不少，便一起提出抗议。超市经理拿出会员规章制度，指出超市具有最终解释权。会员询问，超市具有告知的义务，会员不询问，超市不会主动解释。杨女士顿时傻了眼，她觉得会员制简直就是“骗子制度”。

从理论上讲，会员制度是商家和消费者的一种合作性博弈。商家通过会员制度培养一批稳定的消费者，使自己有了固定的客源，尽管各种物品价格降低，利润减少，但薄利多销，仍然可以增大利润总额，获得理想的经济效益。对于会员来说，在这个商店是消费，在那个商店也是消费，成为一家有较高品位、价格合理的商家的会员，每件商品都比非会员减少那么一点点，则不仅仅是直接经济上的节省，还省去了货比三家、来回奔波的购物成本，这同样

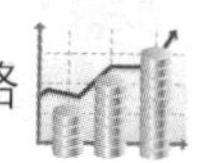

也是间接上的节省。因此，对商家和消费者来说，会员制理论上是一种双赢的博弈。

但会员制度存在着危机。上述案例中，从表面上看超市是赢家，因为他们仅靠一点雕虫小技就让消费者大掏腰包，而自己却以种种理由“义正词严”地拒绝了应该返还给消费者的利益，可以说商家和消费者实行了一场一边倒的零和博弈。但从长远观点来看，商家显然是输了。在竞争日益激烈的今天，面对琳琅满目的商品和多如过江之鲫的商家，供求关系的主动权已经转到顾客手中，顾客成为真正的上帝，保持一批忠诚的顾客比发展一批新顾客要困难得多。杨女士慕名而来，成为回头客，显然是潜在的长期顾客，但商家为了眼前的利益，就把顾客推出了自己的服务队伍，这是一种短视的做法。

中国有句俗语：“好事不出门，坏事传千里。”其实，商家推走的不只是一位顾客，而是一个顾客团队。美国一位推销员曾经说过一句话：“让一位顾客满意，他可以带来八位顾客。”这句话反过来也是一样。我们可以想象，杨女士必然会将自己的遭遇告诉周围的人，周围的人听后就会避而远之。因为这种不忠诚的会员制度，就像裹着蜜糖的毒药，起初尝试感觉很好，最终还是要坑了消费者。同时，这反过来也坑害了商家自己。这种短视博弈是不可取的。

会员制度本身是一种值得尝试和推广的制度，但如果鼠目寸光，只注重短期利益的话，不仅会伤害消费者的感情，也会让商家遭受重创。商家只有把握会员制度的精髓，扎扎实实地与消费者合作，脚下的路才会越走越宽。

广受欢迎的会员制度

会员卡时代

现代生活越来越离不开会员卡。我们去理发，有美发会员卡；去旅游，有旅游会员卡；去吃饭，还有制作精美的美食卡。

什么是会员卡

广义的会员卡泛指普通身份识别卡。

对商家来说，会员卡是商家收集消费者信息的一种方式，更是提高顾客的回头率，提高顾客对企业忠诚度的媒介。

对消费者来说，会员卡是一种优惠卡、打折卡，在顾客购买东西时会在价格上相应地更优惠。

会员卡也“卡人”

卡怎么作废了?

现在有许多“黑心”商家，借用办卡之名圈钱，致使很多消费者遭受了难以补偿的损失。

办理会员卡注意事项

博弈内容 / 博弈双方	办理会员卡采取的策略
消费者	1.增强自我保护意识，理性消费。
	2.谨慎购买余额过高、期限过长的会员卡。
商家	1.会员卡发放后，消费者使用扣款必须明示告知，并可退卡。
	2.经营主体必须合法化，经营者须办理《卫生许可证》《营业执照》，证、照齐全。

11 就业还是创业——面对事业的艰难选择

“给自己打工”是众多大学生的口头禅。如今，越来越多的大学生走出大学校门后，会选择创业这条高风险、高收入的道路，甚至部分学生在校园读书的时候就开始了自己的创业历程。但过来人都知道创业这条险路走起来困难重重。很多“创业一族”在经历了重重苦难之后，加入朝九晚五的上班族队伍中。

面对商机重重、诱惑重重、危机重重的经济社会，即将走向社会，奔赴工作岗位的青年学子，该如何正确看待就业和创业的关系呢？

其实，创业和打工实际上并不矛盾。“打工不如开小店”的说法本身没有错，尤其在中国存在一支庞大的劳动力队伍，每年新的劳动力又不断地增长，而我们社会提供的就业岗位又相对有限。中国现在缺乏的不是劳动力，而是创造性，包括创造劳动岗位的积极性。所以，我们的社会应该是鼓励有能力的人创造劳动岗位，而不是一味地占据各行各业的岗位。不过具体到还没有完全或者刚走向社会的大学生来说，是要打工就业还是自主创业需要好好权衡。

从全世界来看，大学生创业是必然的趋势。联合国教科文组织“面向21世纪教育国际研讨会”指出，21世纪，全世界将有50%的大学生和中专学生走上自主创业的道路。但是，创业的前提是必须要有一个比较完善的市场经济体制，有一个比较健全的创业环境。而由清华大学中国创业研究中心发布的《GEM全球创业观察2003中国报告》显示，中国的创业环境在参加GEM全球创业观察的37个国家中，位居第23名。可见，中国目前的创业环境仍处于非良好状态。

分析其原因，一方面与中国处于社会转型期的特定阶段相关，另一方面与大学生自身条件相关。大学生要创业，必须先培训，积累工作经验是必经之路。也就是说，大学生要创业，必须有一个对社会环境、经营模式、市场规律熟悉的前提，再结合自己的理想与现有的社会资本和经济资本，一步一步地进

行。如果仅仅凭借一时的冲动，盲目上马，等激情过后，就会面临重重困难，这很容易消耗大学生创业的热情，耗尽他们仅有的资本。

对大学生而言，要有创业的激情，这是历史赋予他们的责任。作为最具创造潜力的一个社会群体，应该为社会创造就业岗位，而不是要求社会提供就业岗位。但是，创业的前提是创造创业的条件，包括资金、社会阅历、相关工作经验等，而在所有的条件中，最重要的是工作经验的积累，对相关行业的熟悉。工作经验一方面可以从毕业后的工作中取得，另一方面也可以在大学三四年级时积累。

因此，对于即将或者刚刚走向社会的大学生来说，就业是创业的前提，创业是就业的发展方向。如果大学生先选择就业，就可以用公司的钱圆自己的梦，把创业成本降低到最低程度。但如果大学生先选择创业，一旦创业失败，就会给今后的就业带来潜在的危机：从大学生自身的角度说，从自由人到职业人的角色的转换需要一定的过程，而且原本求职前的经验很可能成为一种沉没成本，是一种浪费；从企业的角度说，企业知道创业大学生没有“白领文化”或“打工文化”，知道他们曾经创业，就会对他们的稳定性或忠诚度产生怀疑，对他们求职也造成了困难。

总之，就业和创业都是事业，不是一对矛盾的博弈主体，而是一对相互促进的主体，可以互相转化。对于雄心勃勃的大学生来说，先就业，把工作当作自己的事业，在工作中不断进步、不断反思、不断积累，使自己拥有比较成熟的经济、社会、人力资本，然后再从就业转向创业，相信这应该是一种比较理性和切合实际的做法。

就业还是创业

大学生就业

大学生就业是社会中最热门的话题之一，就业压力大，职位供小于求，是就业难的主要原因。

打拼事业的准备

无论是就业还是创业，首先明确，两者并不是一对矛盾的博弈主体。

两者可以相互促进，相互转化。

大学生创业

不少大学生在看到就业形势如此严峻之后，便另辟蹊径，自己做起了老板。其中有不少人成功了，但是也有相当一部分人创业失败回到了打工一族中。

把工作当作自己的事业，在工作中不断积累经验。

在前进的路程中，不断收集经济、社会、人力资本后，再着手创业。

第六章 人际篇

——进退自如的处世哲学

>>> 交往中的心理博弈

>>> 空手道，实现多赢博弈

>>> 打好“借”字这张牌

>>> 善借名人效应成就自己

>>> 利用别人的风头让自己出风头

>>> 寻找一位“衣食父母”，借其之力平步青云

>>> 莫做独行客，学会借势扬名

>>> 化敌为友，借对手成功

>>> 承诺也是一种竞争力，用承诺赢取合作

>>> 找准他人的“兴奋点”，用兴趣诱导合作

>>> 有效合作，让牵手抚平单飞的痛

>>> 成功需要炒作，巧借媒体于平中生奇

>>> 顺势而为，借时势而成气候

>>> 强强联合，与狼共舞胜过在羊群里独领风骚

>>> 做人要避免“零和博弈”

1 交往中的心理博弈

俗话说：“知人知面难知心，画龙画虎难画骨。”每个人的心理都是很难揣测的，因为人的大脑一天至少有五万个想法。尤其是在关系复杂的社会网中，每个人都有自己的为人处世的方法，都有自己的心理表征。面对每一件事，都要经过一番心理斗争，而社会的种种现象正是发生矛盾的双方心理博弈的结果。那么，在人际交往的心理博弈中我们该如何选择呢？可以先看下面一个有趣的博弈游戏：

假设每一个学生都拥有属于自己的一家企业，现在他必须自己做出选择。选择一，生产高质量的商品来帮助维持现在较高的价格；选择二，生产伪劣商品来通过别人的所失换取自己的所得。每个学生将根据自己的意愿进行选择，选择一的学生，将把自己的收入分给每个学生。

事实上，这是一个事先设计好的博弈，目的是确保每个选择二的学生总比选择一的学生多得50美元，这个设定当然是有现实意义的，因为生产伪劣商品成本比生产高质量商品的成本低。不过，选择二的人越多，他们的总收益也就会越少，这个假设也是有道理的。伪劣商品过多，会造成市场的混乱，他们的企业也就会跟着受到影响，信誉跟着降低。

现在，假设全班27名学生都打算选择一，那么他们各自将得到108美元。假设有一个人打算偷偷地改变决定——选择二，那么，选择一的学生就少了1名，变为26名，他们将各得104美元，比之前少了4美元，但那个改变自己主意的学生就会得到154美元，而比原来要多出46美元。

不管最初选择一的学生人数有多少，结果都是一样的。很显然，选择二是一个优势策略。每个改选二的学生都将会多得46美元，而同时会使除自己以外的同学分别少得4美元，结果全班的收入会少58美元。等到全班学生一致选择二，想尽可能使自己的收益达到最大时，他们将各得50美元。反过来讲，如果他们联合起来，也就是协同行动，不惜将个人的收益减至最小，那么，他们

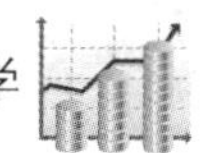

将各得108美元。

但博弈的结果却十分糟糕。在演练这个博弈的过程中，由起初不允许集体讨论，到后来允许讨论，但在这个过程中愿意合作而选择一的学生从3人到14人不等。在最后的一次带有协议的博弈里，选择一的学生人数为4人，全体学生的总收益是1 582美元，比全班学生成功合作可以得到的收益少了1 334美元。一个学生嘟囔道："我这辈子再也不会相信任何人了。"

而事实上，在这个博弈游戏里，无论如何选择，都不会有最优的情况出现，类似于囚徒困境。即使达成合谋，由于人的心理太过复杂，结果也不是预期的那样子。所以，在这样复杂的心理博弈中，我们不能苛求要获得一个最好的结果，因为人心各异，最好的结果根本就不存在。在生活中遇到类似上述游戏的博弈情况时该如何选择呢？那就是保证一点——不要太贪婪，只要有利益就可以，不要妄求有太多的利益或要获得比别人更多的利益。

人际关系中心理博弈

人不能脱离群体而存在，同时这也注定其要生活在人际关系这个巨大的网络中。

生活中的各种人际关系

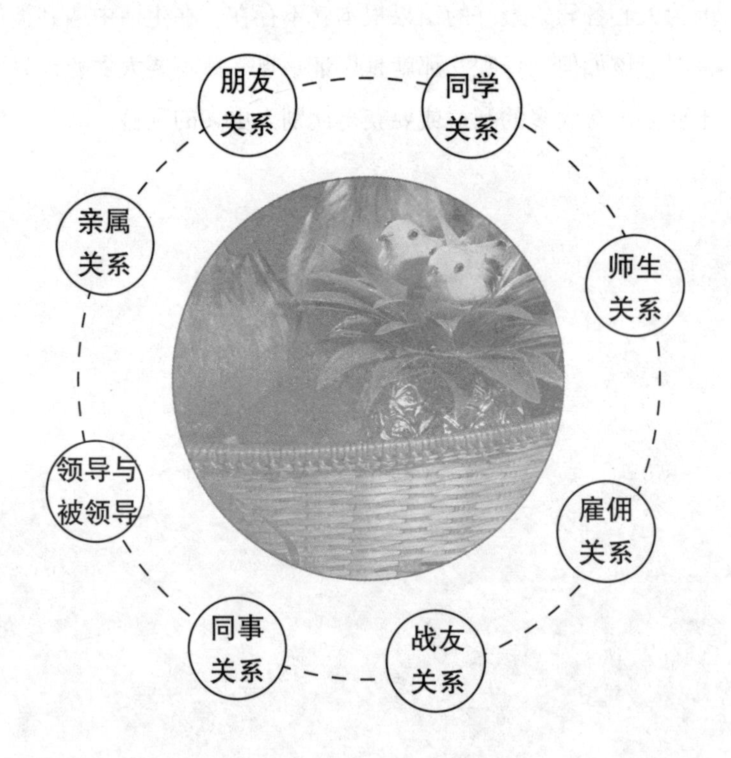

人际关系是人之基本社会需求。人际关系可助人自我了解。人际关系可达到自我实践与肯定。人际关系可用于自我鉴定社会心理是否健康。

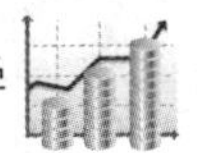

怎样处理好人际关系

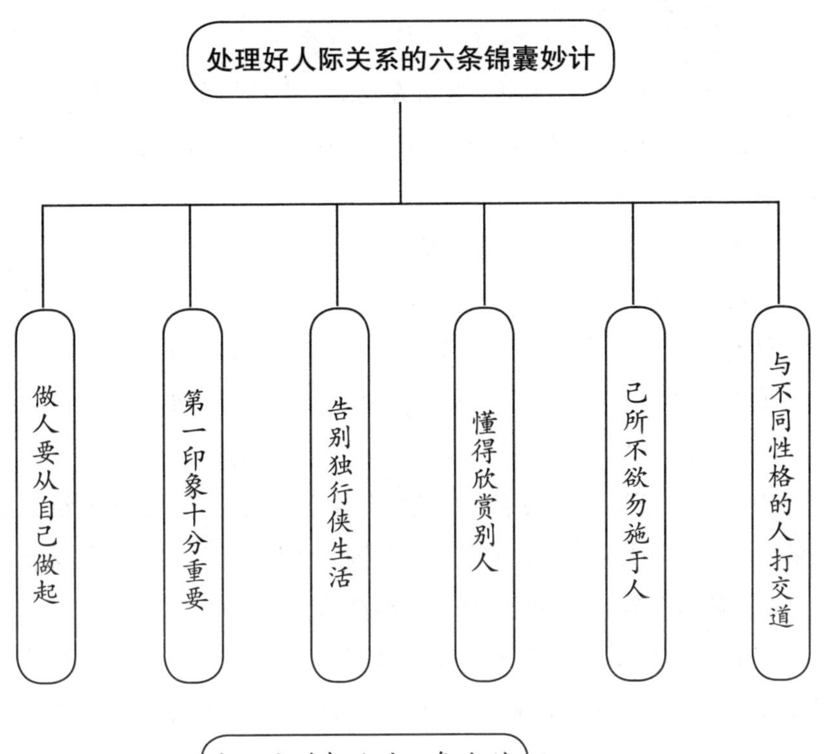

与人和谐相处的四条法则

站在对方立场设想，将心比心。

用温暖、尊重、了解的方式去沟通。

要有与人沟通的意愿，以一颗开放的心灵倾听。

要立即进行价值判断，而最好以对方的立场和观点去设想。

2 空手道，实现多赢博弈

在现代市场经济中，有不少智者在缺乏资金的情况下，不仅为自己带来了利益，还为别人带来了利益，实现了一种多赢博弈，他们靠的就是“空手套白狼”的博弈智慧，俗称“空手道”。

在美国农村，住着一个老头，他有三个儿子。大儿子、二儿子都在城里工作，小儿子和他在一起，父子相依为命。

突然有一天，一个人找到老头，对他说：“尊敬的老人家，我想把你的小儿子带到城里去工作。”老头气愤地说：“不行，绝对不行，你滚出去吧！”这个人说：“如果我在城里给你的儿子找个对象，可以吗？”

老头摇摇头:“不行，快滚出去吧！”这个人又说：“如果我给你儿子找的对象，也就是你未来的儿媳妇是洛克菲勒的女儿呢？”老头想了又想，终于被儿子有可能当上洛克菲勒的女婿这件事打动了。

过了几天，这个人找到了美国首富石油大王洛克菲勒，对他说：“尊敬的洛克菲勒先生，我想给你的女儿找个对象。”洛克菲勒说：“快滚出去吧！”这个人又说：“如果我给你女儿找的对象，也就是你未来的女婿有可能是世界银行的副总裁，可以吗？”洛克菲勒于是同意了。

又过了几天，这个人找到了世界银行总裁，对他说：“尊敬的总裁先生，你应该马上任命一个副总裁！”总裁先生摇头说：“不可能，这里这么多副总裁，我为什么还要任命一个副总裁，而且必须马上任命呢？”这个人说：“如果你任命的这个副总裁是洛克菲勒的女婿，可以吗？”总裁先生当然同意了。

于是，老头的儿子没有花任何代价就成了世界银行的副总裁，并娶了洛克菲勒的女儿为妻。

这个故事虽然是虚构的，但看完后却令我们不得不赞叹那人“空手套白狼”的智慧。

许多人在通往成功的路上，往往抱怨没有资金，没有人力，没有可助自

己成功的资源。其实，这话按常规理解没有错。但是，如果人的头脑足够灵活就完全可以借助“空手道”的博弈智慧取得成功。

那么什么是“空手道”？用科学的语言来描述，就是通过独特的创意、精心的策划、完美的操作、具体的实施，在法律和道德规范的范围之内，巧借别人的人力、物力、财力，来获取成功的运作模式。

孔明发明的草船借箭法就是“空手道”的经典招数，它被后人纷纷效仿，也被应用于生活的各个领域。

有一位年轻人，最大的嗜好就是喂养鸽子。随着鸽群队伍的逐渐增大，他的经济状况越来越差。面对财政上出现的赤字，他无可奈何。

直到有一天，他被街心花园里的几只小鸟触动了，那是几只在此安家落户的野鸟，适应了人来人往的都市氛围，有时一些游客顺手丢些零食，它们会乖巧地啄食。见此情景，年轻人联想到了自己的一群鸽子。

于是，在一个假日，年轻人将自己的鸽子带到了街心花园里。果然不出所料，前来游玩的人们纷纷将玉米花抛向鸽子，又逗又玩，有人还趁机照相。一天下来，鸽子吃饱了，省下了年轻人一天的饲料钱。这个年轻人没有就此满足，他想到了一个更加绝妙的主意，就是在花园里出售袋装饲料，既可以盈利，又可以喂养鸽子。

年轻人辞去了原先的工作，专门在街心花园内出售鸽子饲料，收入居然超过了以前的薪水，又省下了喂养鸽子的大笔开销，同时可以终日逗弄自己心爱的鸽子，真所谓“一举数得”，街心花园也因此出现了一个新的景点。

用游客的钱喂自己的鸽子，同时还可盈利，年轻人这一巧妙的暗借，将孔明先生的妙计继承并发挥得淋漓尽致。

当然，空手道的招数还有很多，只要我们拥有知识，拥有智慧，自然会运用各种空手道的智慧去实现多赢博弈。

人际交往中的多赢博弈

洛克菲勒的女婿

洛克菲勒

世界银行总裁

父亲

儿子

过人的胆量

高超的交流技巧

站在对方立场思考问题

一个一穷二白的人，如何成为美国石油首富洛克菲勒的女婿呢？其中有三个我们不能忽视的要素。

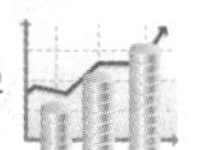

如何站在对方的立场上思考问题

站在对方的立场思考问题

学会倾听

换位思考

体谅他人

有三种方法

3 打好“借”字这张牌

《诗经·小雅·鹤鸣》中有“他（它）山之石，可以攻玉”的句子，意思是其他山上的石头，可以取来制作治玉的磨石，也可以用来制成美好珍宝。这句诗可以理解为“借助外力，改己缺失”，表达了一种借力的博弈思维。小猪的力量虽然弱小，但是它可以借大猪之力达成所愿。每个人的能力都是有限的，但只要能打好“借”字这张牌，人就仿佛生出了三头六臂，实现单凭一己之力无法实现的目标。

20世纪50年代末期，美国的佛雷化妆品公司几乎独占了黑人化妆品市场。尽管有许多同类厂家与之竞争，却无法动摇其霸主的地位。这家公司有一名供销员名叫乔治·约翰逊，他邀集了三个伙伴自立门户经营黑人化妆品。伙伴们对这件事表示怀疑，因为很多比他们实力更强的公司都已经在竞争中败下阵来。约翰逊解释说：“我们只要能从佛雷公司分得一杯羹就能受用不尽，所以在某种程度上，佛雷公司越发达，对我们越有利！”

约翰逊果然不负伙伴们的信任，当化妆品生产出来后，他就在广告宣传中用了经过深思熟虑的一句话：“黑人兄弟姐妹们！当你用过佛雷公司的产品化妆之后，再擦上一层约翰逊的粉质膏，将会收到意想不到的效果！”这则广告用语确有其奇特之处，它不像一般的广告那样尽力贬低别人来抬高自己，而是貌似推崇佛雷的产品，其实质是来推销约翰逊的产品。

借着名牌产品这只“大猪”替新产品开拓市场的方法果然灵验。通过将自己的化妆品同佛雷公司的畅销化妆品排在一起，消费者自然而然地接受了约翰逊的粉质膏。接着这只“小猪”进一步扩大业务，生产出一系列新产品。经过几年努力，约翰逊的公司终于成了黑人化妆品市场的新霸主。

当然，在商业运作中借用他人力量，必须自己有主导产品，只是在发展过程中当自己的力量不足时，才借“大猪”的活动来壮大自己的实力，扩大自己的市场份额。

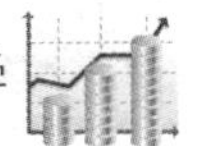

借力打力，以巧制胜

什么是借力打力

在平时的生活交往中，我们有时会碰见很多刁钻、棘手的问题，对方的道理好像没有可破之处，我们用常理很难说话或反驳，这时我们不妨从对方的话语里找破绽，从而见招拆招，借力打力。

借力打力的实际应用

序号	内容
第一种情况	在和领导的交往中，往往会碰见这两种情况：一是领导提出的问题十分敏感；二是领导的做法不对。“借力打力”，把领导提问的问题再抛给领导，巧妙化解问题。
第二种情况	若对方是恶意刁难，“借力打力”是把强加己身之力反作用还给对方，不失风度。
第三种情况	面对别人说话模糊或者故弄玄虚时,以其人之道，还治其人之身，借力打力——你玄我也玄，你模糊我也模糊。

4 善借名人效应成就自己

从博弈论的角度来看，“名人”无疑是一头“大猪”，“小猪”们如果善于借助“名人的效应”为自己所用，无疑会在成功的路上顺风顺水。

一位商人积压了一大批滞销书，当他苦于不能出手时，一个主意冒了出来：给总统送一本。于是，他三番五次向总统征求意见。总统每天忙于政务，哪有时间与他纠缠，为了敷衍，便随口而出：“这本书不错。”于是商人便大做广告：“现有总统喜爱的书出售。”于是这些书在短时间内就销售一空。

时间不长，这个商人又有了卖不出去的书，他便又送了一本给总统。总统鉴于上次一句随意的话让他发了大财，想奚落他，就说：“你这书糟糕透了。”商人闻之，依然是满心欢喜。他回去以后又做广告：“现有总统讨厌的书出售。”有不少人出于好奇争相抢购，书又销售一空。

第三次，商人又将书送给总统，总统接受了前两次教训，便不予作答而将书弃之一旁，说了句：“我不下结论。”他想看看这家伙还能倒腾出什么来。不想商人离开后又大做广告：“现有总统难以下结论的书，欲购从速。”书居然又被一抢而空。总统哭笑不得，商人大发其财。

上例中的商人深谙借名人效应的强大威力，将“借”这一博弈策略演绎得出神入化，不得不令人佩服。然而还有一些人，当机遇摆在面前，名人就在身边时却视而不见，甚至拱手送人，眼睁睁看着大好的机会从眼前溜走，不得不让人扼腕叹息。

其实，在生活中，即使是强势的一方，在博弈之初，他们的力量可能也很弱小，但是最终却由弱变强，这与他们借助名人效应的博弈策略是分不开的。人们总有这样的心理，凡是名人生活的环境都是非凡的，凡是与名人有联系的必定是不一般的。基于这种心理，人们都纷纷追逐、模仿名人，所有与名人沾边的东西也就容易成为抢手的东西，所有与名人沾边的人也会成为不平凡的人。

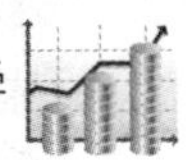

因此，在与他人博弈的过程中，“小猪”们应想尽一切办法借助名人的效应。当然要做到这一点，你必须首先与名人沾边，学会把名人变成朋友，把朋友变成兄弟。成了名人的兄弟，自己也就成了名人，自己成了名人，成功就像买菜一样容易了。

有人提出异议：“这道理谁都明白，关键是怎么和名人成朋友。”我们不妨来听一下千金买邻的故事。

在南北朝的时候，有个叫吕僧珍的人，世代居住在广陵地区。他为人正直，很有智谋和胆略，因此受到人们的尊敬和爱戴，远近闻名。

因为吕僧珍的品德高尚，人们都愿意和他接近与交谈。季雅在吕僧珍家隔壁买了一套房屋。

有人问，“你买这房子花了多少钱？”

“一千一百两。”

“怎么这么贵？”

季雅说：“我是用百金买房子，用千金买高邻啊！”

可能有人会说：我没有千金买邻的实力，所以交不到名人朋友。但如果你有季雅千金买邻的勇气和魄力，什么样的名人朋友交不到？一旦和名人沾上边，所谓的名人效应也就信手拈来了。

借总统成就自己的书商

在这里，书商的聪明之处在于，其抓住了人们好仰慕名人的特点，借总统的知名度，为滞销书打开了出路。另外，这个案例告诉我们，要敢于同比自己成功的人交往。

如何定义成功人士

成功者是相对的概念，每个人都有成功的一面，同时又有自己的遵从对象。交往对象不同，我们的位置会随之变化。成功者虽然与我们不属同一交往类别，有着一定的沟通障碍，但我们却可以打破障碍与之正常交往，乃至发展友情。

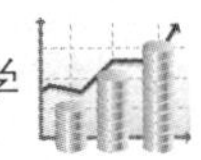

与名人交往时的注意事项

与名人交往的三种渠道

工作平台

别看自己职位小，所在平台却无限广阔，利用平台结交人脉的关键还在于你如何进行嫁接，将其转化为自己的有效人脉。

参加各种讲座

很多公司的老板就是通过请人来公司办讲座来扩大自己的人脉，是不是必杀技，由此可知。

第三种

多参加志愿者活动。别小看你义务服务的意义，尽职尽责做好，给人留下深刻印象，你下一个的服务对象也许就是盖茨或李嘉诚，谁能说得准呢。

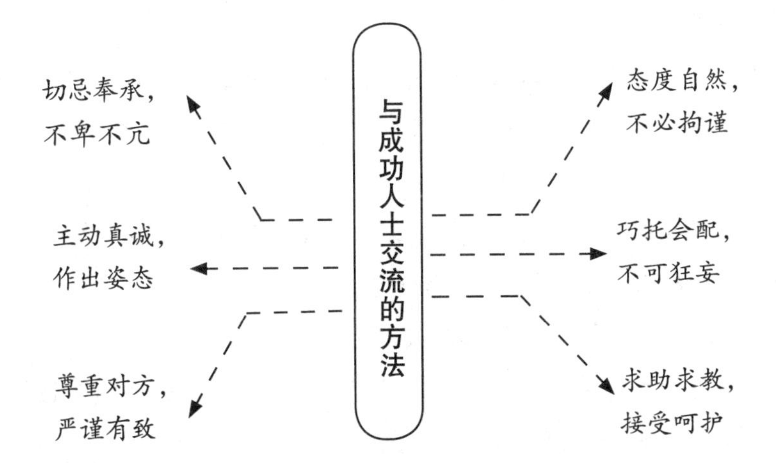

5 利用别人的风头让自己出风头

借助“名人效应”提高自己的知名度，可谓是智猪博弈中小猪借力策略的推广模式。中国古人早已懂得，要想让自己为天下人所知，最直接的方法莫过于“利用别人的风头让自己出风头”。

东晋的丞相王导很善于治理国事。当初渡江来到南京时，国库空虚，仅有几千匹不值钱的白绢。为了度过难关，王导自己先做了一件白绢的单衣穿在身上，又动员大臣们出门上朝也都穿上这样的衣服。上行下效，人们都争相效仿穿起了这种白绢衣服。白绢一时供不应求，价格很快上涨到了每匹一金。这时王导下令将国库中的白绢全部卖掉，因此多得了几倍的银钱。王导利用人们崇拜名人、追慕时尚的心理，解决了财政困难。

其实，王导利用名人威望的谋略早在他的政治活动中就曾施展过。那时，晋元帝司马睿还只是琅玡王。王导觉察到天下已乱，便有意拥戴司马睿，复兴晋室。司马睿出镇建康（今江苏南京）后，吴地人并不依附。时过一个多月，仍没有人去拜望他。王导十分忧虑，便想到要借助当地的名人来提高司马睿的威望。

于是他对已有很大势力的堂兄王敦说：“琅玡王虽然仁德，但名声不大。而你在此地早已是有影响力的人，应该帮帮他。”他们约好在三月上巳节伴随司马睿去观看修禊仪式。

到了那一天，他们让司马睿乘坐轿子，威仪齐备，他们自己则和众多名臣骁将骑马扈从。江南一带的大名士纪瞻、顾荣等人，见到这种场面，非常吃惊，就相继在路上迎拜。

事后，王导又对司马睿说：“自古以来，凡能称王天下的，都虚心招揽俊杰。现在天下大乱，要成大业，当务之急便是取得民心。顾荣和贺循两人是当地名门之首，把他们吸引过来，就不愁其他人不来了。”

司马睿听了王导的话，就派王导亲自登门拜请顾荣和贺循。受他们的影响，吴地士人、百姓，从此便归附司马睿。东晋王朝终于得以建立。

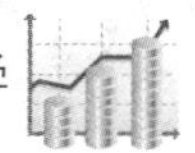

人人具有从众心理

有从众心理的人，喜欢拿着放大镜看待人和事，这些人往往喜欢凑热闹，随大流。

从众心理

如果借着名人的风头，可以使自己身上也沾上名气，即能收到与名人类似的追捧效果。

善于利用从众心理

从众心理：指个人受到外界人群行为的影响，而在自己的知觉、判断、认识上表现出顺从于公众舆论的心理。

生活中有不少从众的人，也有一些专门利用人们从众心理来达到某种目的的人，某些商业广告就是利用人们的从众心理，把自己的商品炒热，从而达到目的。

生活中也确有些震撼人心的大事会引起轰动效应，群众竞相传播、议论、参与。但也有许多情况是人为的宣传、渲染而引起大众关注的。常常是舆论一“炒”，人们就容易跟着“热”。

广告宣传、新闻媒介报道本属平常之事，但有从众心理的人常会跟着“凑热闹”。

6 寻找一位“衣食父母”，借其之力平步青云

无论是借他人之力，还是借名人的声望，这些“借”都能缩短自己的奋斗时间，是典型的“搭便车”行为，而那些助我们成事的人便可称为贵人。贵人可能是学识渊博者、德高望重者或有钱人，也可能是公司里身居高位的领导、令掌权人物崇敬的人，等等。在现实生活中，他们或者能够为我们指点迷津，或者于关键时刻助我们一臂之力，总之，以各种各样的方式提供给我们更多的便利和帮助。事实上，有很多人靠贵人的力量改变了自己的命运，这样的名人故事并不少见。

美国老牌影星寇克·道格拉斯年轻时落魄潦倒，没有人认为他有一天会成为明星。但是，有一次寇克搭火车时，与旁边的一位女士攀谈起来，没想到这一聊，聊出了他人生的转折点。没过几天，寇克被邀请到制片厂报到，从此开始了自己的影坛生涯。原来，这位女士是位知名制片人。

类似的事例不胜枚举：如果没有肯尼迪的相助，克林顿不会弃乐从政，并当上美国总统。如果没有吉米·罗思的影响，安东尼·罗宾就不会成为世界上演讲费最高的成功学大师。

种种事实表明，一个人要想迅速成就一番大事业，光靠自己单方面的力量是不够的，要善于为自己寻找一个贵人，借贵人之力成就自己。

所以，想要在广阔天地中有所作为的人，必须充分意识到贵人的存在和重要作用。遇到贵人的时候，更要秉承一颗感恩之心，谦虚求教，诚恳求助。这样就不会错过贵人相助的大好机遇，并利用这一机遇创造人生的辉煌。

人生中的十大贵人

贵人的定义：人们常用“贵人”表示对地位尊崇的人的尊称，有时也称呼对自己有很大帮助的人为“贵人”。古籍、演义中的很多事例表明，与贵人相遇可以给人带来好运，不少人的成功都离不开贵人。

类型	内容
愿意无条件支持你的人	这种人从心里接纳你，并把你当自己人。当他知道有小人在你背后中伤你时，他会帮你说好话来澄清。
愿意唠叨你的人	有些人喜欢唠叨你，其实，他的唠叨是提醒，在事情发生前，他希望你可以少走冤枉路。
愿意和你分担分享的人	这个世界多的是能同甘不能共苦的人，如果有一个人愿意陪你一起度过风雨，那他就是你的贵人。
教导及提拔你的人	有的人就像你的老师，总会指点、教导你。不论是温和还是严厉，他们总能指出你的不足并教你改进。
愿意欣赏你的长处的人	一个愿意发现你的长处、欣赏你的长处、接纳你的长处的人，肯定是你的贵人。有些上司虽然发现你的长处，但是他未必可以喜欢及欣赏它，更别说接受它。
愿成为你的榜样的人	有些人言行一致，讲到就肯定做得到，他们往往不喜欢夸大，常会默默地做，做比讲来得多。这种人具有谦虚的性格。一旦他们开始自大，他们就完全从贵人变成小人。
愿意遵守承诺的人	贵人都只同意自己愿意遵守的承诺，因为他们能够很清楚地知道自己的能力所在，自己能不能全力达到承诺的内容。和这种人在一起，你不用担心被出卖。
愿意不放弃而相信你的人	贵人是不会放弃他的组员的，贵人会相信对方。会视对方无罪，一直到对方被定罪为止，这代表贵人会完全相信他的伙伴，全力支持他。
愿意生你气的人	如果他还愿意生你的气，你就得感激他。这是因为他还很在乎你。
愿意为你的人	如果他愿意为你，只因为你是你，那你肯定很幸福，因为他处处为你着想，这种人就是你的贵人。

7 莫做独行客，学会借势扬名

依据智猪博弈中小猪的经验，如果自身的力量太单薄，势力太弱小，这个时候就需要“借势”，借他人的力量、金钱、智慧、名望甚至社会关系，用于扩充自己的关系，增强自身的能力。

孙子说：故善战者，求之于势。

聪明的人都懂得借势的道理。如果你想尽快成功，就必须有一个良好的载体，也就是说你想尽快地到达成功的目的地，就必须“借乘”一辆开向成功的快速列车。

一只蝴蝶的平均寿命是一个月，如果它从南京飞到北京，需要六个月，那怎么才能够实现这一愿望呢？

答案很简单，它可以飞到一列南京开往北京的列车上，利用列车这个载体，就能轻而易举地做到。

如果自身的力量太单薄，势力太弱小，在与人博弈的过程中无疑会处于劣势地位。这个时候就需要“借势”，就是借别人的力量、金钱、智慧、名望甚至社会关系，用于扩充自己的大脑，增强自身的能力，这就是所谓借他人之光照亮自己的前程。

那么，我们可以借助哪些“势力”为己所用呢？

1. 良师之势

一个人要成大业比登天还难，但是一个人如果能得到良师益友的鼎力相助而形成一个团结的集体，那么要成大业就易如反掌。

2. 朋友之势

一个人在外打拼实在不易，如果能得到朋友的帮助，就如雪中送炭，如虎添翼，所以说“多个朋友多条路”实在是人生的大幸。一些来自天南海北的人常在初次交往后会发出这样的惊叹：“嗨！这世界简直太小了，绕几个弯子，大家都成熟人了。”其中奥妙就在于此。

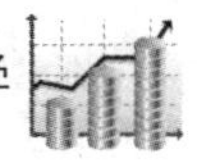

3. 亲戚之势

俗话说：“是亲三分近。”亲戚之间大都是血缘或亲缘关系，这种血浓于水的特定关系决定了彼此之间关系的亲密性。这种亲属关系是提供精神、物质帮助的源头，是一种能长期持续、永久性的关系。因此，人们都具有与亲属保持联系的义务。平常与亲戚保持密切联系，在困难时期，亲戚才会对你鼎力相助。

4. 同学之势

同学之间因为从小就接触，彼此了解很深，而且学生时代的交往没有功利色彩，所以同学友谊的含金量是最高的。对于我们来说，能有几个已是成功人士的昔日同学，会方便很多。在北大、清华等高校，许多人花了大价钱参加诸如企业家班、金融家班等各种培训。对他们而言，学知识是次，交朋友才是主要目的。一些高校也从中找到了卖点，招生简章上的广告就是：拥有某某学校的同学资源，将是你一生最宝贵的财富。

5. 老乡之势

共同的人文背景、地理、位置、风俗习惯，使老乡有一种天然的亲近感。于是，同乡之间也就有着一种特殊的情感关系。如果都是背井离乡、外出谋生者，则同乡之间必然会互相照应的。

中国的老乡关系是很特殊的，也是一种很重要的人际关系。既然是同乡，涉及某种实际利益的时候，则是“肥水不流外人田”，自然会让“圈子”内的人“近水楼台先得月”。也就是说，必须按照“资源共享”的原则，给予适当的“照顾”。

善用老乡，你可以获得很多有用的东西，与人博弈时的胜算也会多几分。

当我们想成就一番事业而又势单力薄的时候，不妨做“智猪”，借助上面这些“大猪”的力量为成功铺路。

借势，人生的终极智慧

良师

朋友

人不可能脱离群体而独立存在，生活中谁也离不开良师、朋友、亲戚、同学、老乡这五个圈子。

亲戚

同学

老乡

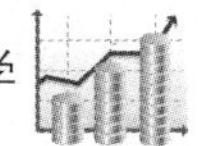

同学关系

在学生阶段，最重要的关系就是同学关系，和同学相处的时间，比和父母亲人相处的时间要长得多，所以，处理好同学关系就显得尤为重要。

同学相处的四个要点

关心他人	宽容别人	完善自我	保持适当的距离
希望得到他人关心是人的基本需要，只有你付出关心，才能收获别人对你的关心。	“人无完人”，要学会宽容他人的缺点和不足之处。	同学关系紧张的人，应当反思自己性格方面是否有缺点，注意改变自己的不足。	任何人都有属于自己的私密空间，即使是最好的朋友。

8 化敌为友，借对手成功

在智猪博弈中，如果小猪总是搭便车，大猪虽然无可奈何，但是怨气肯定是有的，自然也会视小猪为最大的敌人。那么，小猪有没有方法让大猪这个敌人心甘情愿为自己觅食呢?

一个牧场主和一个猎户比邻而居，牧场主养了许多羊，而他的邻居却在院子里养了一群凶猛的猎狗。这些猎狗经常跳过栅栏，袭击牧场里的小羊羔。牧场主几次请猎户把狗关好，但猎户不以为然，口头上答应，可没过几天，他家的猎狗又跳进牧场横冲直撞，小羊羔深受其害。牧场主再也坐不住了，于是到当地的法院控告猎户，要求猎户赔偿其损失。听了他的控诉，法官说："我可以处罚那个猎户，也可以发布法令让他把狗锁起来。但这样一来你就失去了一个朋友，多了一个敌人。你是愿意和敌人做邻居呢，还是愿意和朋友做邻居？"牧场主说："当然是和朋友做邻居。""那好，我给你出个主意。按我说的去做，不但可以保证你的羊群不再受骚扰，还会为你赢得一个友好的邻居。"法官如此这般交代一番，牧场主暗暗叫好。

回到家，牧场主就按法官说的挑选了三只最可爱的小羊羔，送给猎户的三个儿子。看到洁白温顺的小羊，孩子们如获至宝，每天放学都要在院子里和小羊羔玩耍嬉戏。因为怕猎狗伤害到儿子们的小羊，猎户做了个大铁笼，把狗结结实实地锁了起来。从此，牧场主的羊群再也没有受到骚扰。两家的关系也一直非常和睦。

这场矛盾就好比一个智猪博弈的过程，牧场主就是博弈中的"小猪"，而猎户则是"大猪"。从问题解决的结果可知，"小猪"完全可以通过给予一定的利益给对方，从而将"大猪"这个敌人变成朋友，并借助"敌人"之力成就自己。

同样精通此种博弈策略的还有比尔·盖茨，美国的Real Networks 公司曾于2003年12月向美国联邦法院提起诉讼，指控微软滥用了在Windows上的垄

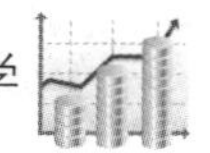

断地位，限制PC厂商预装其他媒体播放软件，并且无论Windows 用户是否愿意，都强迫他们使用绑定的媒体播放器软件。Real Networks 要求获得10亿美元的赔偿。

然而，事情的发展总是出乎人们意料，在官司还未结束时，Real Networks 公司的首席执行官格拉塞致电比尔·盖茨，希望得到微软的技术支持，以使自己的音乐文件能够在网络和便携设备上播放。所有的人都认为比尔·盖茨一定会拒绝他。但出人意料的是，比尔·盖茨对他的提议表示欢迎。

事后，微软与 Real Networks公司达成了一份价值7.61亿美元的法律和解协议。根据协议，微软同意把Real Networks公司的Rhapsody服务包括进其MSN搜索、MSN信息以及MSN音乐服务中，并且使之成为Windows Media Player 10的一个可选服务。一场官司就在一片祥和中化解了。

人在社会上闯荡，难免会树立起敌人，如何处理好与这些“敌人”的关系？红顶商人胡雪岩有这么一句话：多一个朋友多条路，多一个敌人多堵墙。在合适的时候，我们不妨站到敌人身边去，化敌为友，借助对方的力量实现双赢。

化敌为友之同事篇

从学校走出来，每个人都将迎来一个新的人际圈，就是同事，那么我们该如何处理同事关系呢?

同事相处之道

1 勇于承认自己的不足之处。

2 关注他人的兴趣。

3 不要理会威胁性的问题。

4 让对方知道你非常需要他。

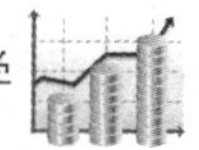

化敌为友之婆媳篇

婆媳相处之道

情景再现	解决之道
媳妇：婆婆又不是我妈，我凭什么孝敬她?	要孝敬婆婆，婆婆养育了你的老公，你既然爱老公，就要理解儿子对母亲的心情，就要和他一起尊敬他的妈妈。
不分场合和老公亲热。	不要在婆婆面前和老公亲热，老人有着传统的思想，这就像在外人面前一样，和老公过分的亲热也是对别人的一种不尊重。
遇到涉及婆家的事情，尤其是钱的问题，你总是要给老公出谋划策。	出谋划策的时候要照顾老公的情绪，你要委婉地和老公讲道理，让他知道你愿意帮忙但是由于某些原因帮不上忙。
在婆婆面前指使老公。	在中国这种还存在男尊女卑的社会里，婆婆看着你没事儿指使老公一定会不高兴，儿子在家做不了主，难免会有抵触情绪。
对婆婆不管不问。	多关心体贴婆婆的日常生活，无论你是否真心，表面的功夫是必须要做的，这样也会让你丈夫对你另眼相看。给自己妈妈买东西的时候要想着给婆婆也买一个。
很多媳妇对待婆婆的方式，是敬而远之，惹不起躲得起。	没事哄哄她，老年人嘛，都喜欢有人陪她聊天，有时间的话就听她说两句。她爱唠叨，就让她唠叨吧，无非就是儿子的那点事。

9 承诺也是一种竞争力，用承诺赢取合作

荣获第七十四届奥斯卡最佳外语片奖的电影《无人地带》中讲过这样一个故事。

故事发生的背景是波黑战争，一群波斯尼亚士兵在大雾中迷路，走到了塞尔维亚人的阵地前面。在大雾散去以后，塞尔维亚士兵发现了这群波斯尼亚人，一场攻击在所难免。

激烈的攻击结束以后，西基似乎是唯一的幸存者，他设法隐藏在了“无人地带”处一个遗弃的战壕里，还俘虏了前来打扫战场的塞尔维亚人尼诺。后来他们又发现另一个活着的波斯尼亚士兵塞拉，但是十分糟糕的是，他受伤了，而且身体下面还被塞入了一颗地雷，如果他动一下的话，三个人都会死。事情开始变得复杂了。

三个本来有着不同人生轨迹的人被相同的命运连在了一起，于是他们开始尝试“合作”，分别向各自的阵地喊话（他们正好夹在敌对双方的中间，也就是“无人地带”），要求双方不要开枪；他们也试图“解决”敌对关系，比如谈论双方共同的朋友。但是由于相互之间的猜忌和对立，他们又时常争吵。

双方的部队也因为这三个士兵而放弃了对抗，一起向联合国部队请求援助。事情发展到这儿，问题本可以到此解决了，可是复杂的历史原因（双方的敌意）和现实的困难（塞拉身体下面的地雷）制造了很多问题。由于媒体的曝光，全世界都在关注这起事件，联合国不得不派出高级官员前往解决，但还是无能为力……最后的结果是，尼诺和西基在“循环报复”中送了命，联合国部队制造了“和平解决”的假象来应付舆论。至于塞拉则还是躺在那颗该死的地雷上，不知道自己的命运将走向何方。

在这个故事中，尼诺和西基都是愿意合作的，双方军队也是因为自己人处在危险中而无意对抗，甚至联合国都出面维持和平……但为什么在每个人都希望合作的情况下却造成了如此悲惨的结局呢？稍做分析我们就可发现，缺乏

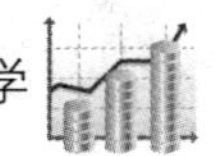

承诺是造成悲剧的根源——在关键时刻做出承诺，可以避免误解和冲突。

在博弈中，能为我们带来合作的承诺必须符合两个要求：适度和切实。

从通常意义上来说，适度地承诺，具有很丰富的内涵，它因人而异，因情势而异，故难以对它作整齐划一的界定；但是，从大多数人的现实境遇中不难看出，承诺如若经常性地失效，往往会使人陷入困窘、烦忧，乃至十分尴尬的境地。因此，在通常情况下，我们在决定承诺之前要防止感情冲动，保持冷静的头脑，注意承诺的适度，这是有效承诺的第一个要求。

有效承诺的第二个要求是切实，也就是履践对他人的承诺（也可称为允诺或许诺）。一个人是否能信守承诺，往往决定了他在博弈中能否达到有效的合作，也往往鲜明地反映着他的为人风范、精神品位以及未来的人生走向。

“信息网络”走俏的世纪，也将是“信誉”当家的世纪，越来越多的人之间，“有限合作”“项目合作”“局部合作”“短期合作”以及“即兴合作”的方式将快速增长，并将成为人们智慧生存方式的主流。在这种情势下，我们只有切实做好承诺和应诺，才能赢得长久的合作。

信守承诺的重要性

承诺是人与人之间，一个人对另一个人所说的具有一定憧憬的话，一般是可以实现的。

从经济学角度考虑，它存在一定的风险，如果是兑现了承诺，当然皆大欢喜了，如果没有，那就麻烦了，引出的问题很多。

首先，自身的压力的变化。随着承诺的期限越来越近，压力也就越来越大，对于一个人的心态是很大的考验。

其次，打击信心，如果没有兑现自己的承诺，心里肯定在考虑大家对自己的看法。这个时候，一般会往坏的一方面考虑，如以后大家不会信任了，因为自己是否在说大话。这种思想包袱会造成以后工作心态变差，变得没有信心。

承诺的两要素：适度和切实

适度的承诺

承诺要量力而行。

不做虚假承诺。

在实现承诺的过程中，要互相鼓励。

如何切实履行承诺

序号	方式	方法
第一种	极强的自制力	自制力指的是一个人抑制言行冲动，预留时间以便判定情势的能力。
第二种	情绪控制	如果你具有很强的情绪控制能力，就能在面临压力时保持冷静，不会轻易气馁。
第三种	时间管理	制订一张时间表，把要做的事情罗列出来，先做最急最重要的事情。
第四种	凡事都要坚持	要有耐心，做事不要半途而废。

10 找准他人的“兴奋点”，用兴趣诱导合作

美国《纽约日报》总编辑雷特身边缺少一位精明干练的助理，他便把目光瞄准了年轻的约翰·海。而当时约翰刚从西班牙首都马德里卸任外交官一职，正准备回到家乡伊利诺伊州从事律师职业。

雷特请他到联盟俱乐部吃饭。饭后，他提议请约翰·海到报社去玩玩。从许多电讯中，他找到了一条重要的海外消息。那时恰巧国外新闻的编辑不在，于是他对约翰说：“请坐下来，为明天的报纸写一段关于这消息的社论吧！”约翰自然无法拒绝，于是提笔就写。社论写得很棒，雷特请他帮忙顶一个星期、一个月，一个月后干脆让他担任这一职务。而约翰也在不知不觉中对这份工作产生了浓厚的兴趣，回家乡做律师的计划提得越来越少，最后就留在纽约做新闻记者了。

如前所述，合作能为博弈双方带来正和结局。但是博弈之初，很多人因暂时看不到合作能给自己带来的利益而拒绝合作。此时，如果直接劝服他人与自己合作或参与到某件事中，往往容易遭到拒绝，且没有回旋的余地。我们应该向故事中的雷特学习，诱导其先做些尝试，刺激起他的兴趣与渴望，就比较容易成功地说服他人与自己合作了。

由此可以得出这样的博弈策略：央求不如婉求，劝导不如诱导。在运用这一策略的时候，要注意的是：诱导别人参与自己事业的时候，应当首先找到别人的“兴奋点”，引起别人的兴趣。

当你要诱导别人去做一些很容易的事情时，可以先给他一点小胜利、小甜头。当你要诱导别人做一件重大的事情时，你最好给他一个强烈的刺激，激发起他对此事的兴趣，使他对做这件事有一个要求成功的渴望。在此情形下，他的自尊心被激发出来，被一种渴望成功的意识刺激了，于是，他就会很高兴地尝试一下。激发起他人对某事的兴趣，借机再诱导他参与合作，确实是一种非常有效的博弈策略。

如何让他人与你合作

要想别人和你一起合作完成某事，首先要了解对方需要什么，让对方尝到甜头，对方才会和你合作。

如何了解对方的需求

把握好正当爱好与有分歧的爱好之间的界限。

虚心向对方请教是最高超的赞美。

不妨把自己变得“外行”一些。

11 有效合作，让牵手抚平单飞的痛

每年秋天，当你见到雁群为过冬而朝南方，沿途以“V”字队形飞行时，你也许想到某种科学论点已经可以说明它们为什么如此飞。当每一只鸟展翅拍打时，造成其他的鸟立刻跟进，整个鸟群抬升。借着“V”字队形，整个鸟群比每只鸟单飞时，至少增加了71%的飞升能力。

当一只大雁脱队时，它立刻感到独自飞行时的迟缓、拖拉与吃力，所以很快又回到队伍中，继续利用前一只鸟所造成的浮力。

当领队的鸟疲倦了，它会退到侧翼，另一只大雁则接替它飞在队伍的最前端。这些雁定期变换领导者，因为为首的雁在前头开路，能帮助它左右两边的雁造成局部的真空。科学家曾在风洞试验中发现，成群的雁以“V”字形飞行，比一只雁单独飞行能多飞12%的距离。

布莱克说过：“没有一只鸟会升得太高，如果它只用自己的翅膀飞升。”人类也是一样，如果懂得跟同伴牵手而不是彼此单飞的话，往往能飞得更高、更远，而且更快。

不幸的是，许多人、许多企业并没有这样的远见，他们以为各自的单飞会给他们带来更大的收益。

2004年2月下旬，成都国美单方面大幅降低格力空调售价，3月9日，国美总部下发《关于清理格力空调库存的紧急通知》，格力于3月10日12时开始将产品全线撤出成都国美的6个卖场。从此，拉开了格力和国美冷战的序幕。格力通过和其他渠道商的合作，以及自身渠道（格力专卖店为主）的建设，退出国美后的2005年格力电器的销售收入增长近40%。2006年，格力电器上半年销售收入超过123亿元，空调内销增长19.28%，外销增长76.67%，实现净利润310亿元，较2005年同期增长15.41%。而国美由于丧失了格力这个供应渠道，连续几年销售额大幅度下跌。

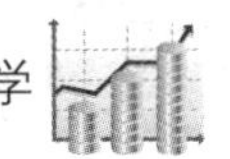

从这个例子我们可以看出，国美与格力的单飞无疑不是明智之举，在这场博弈中，格力有了自建渠道也是迫不得已的行为，而国美则丧失了一个品牌供应商，对自身而言自然不是利好。

随着社会的不断发展，个人之间、企业之间合作的案例不断增多，因为大家都明白，与人有效合作可以提高效率、降低成本并且提高双方的竞争力，从而实现一个正和博弈。在网络经济时代，有效合作以实现正和博弈已经成为一种生存方式。

我们生存在一个充满竞争的时代，生存似乎变得越来越艰难，然而正是如此，才更需要与别人合作。最能有效地运用合作法则的人生存得最久，而且这个法则适用于任何动物，任何领域。

一个人的才能和力量总是有限的，唯有合作，才能最省时省力、最高效地完成一项复杂的工作。没有别人的协助与合作，任何人都无法取得持久性的成功。

合作与竞争看似水火不容，实则相依相伴。在知识经济时代，竞争与合作已经成为不可逆转的大趋势，合作与团队精神变得空前重要，只有承认个人智能的局限性，懂得自我封闭的危害性，明确合作精神的重要性，才能有效地通过合作来弥补自身的不足，以达到单凭个人力量达不到的目的，成为博弈中的赢家。

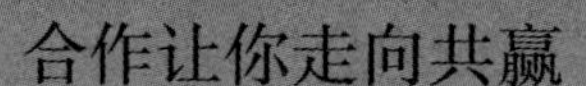

合作让你走向共赢

大雁借着“V”字队形，整个鸟群比每只鸟单飞时，至少增加了71%的飞升能力。

人之于世，就如同大雁之于天空。个人的力量是有限的，唯有合作，才能最省时省力、最高效地完成一项复杂的工作。

单飞让你走向失败

当一只大雁脱队时，它立刻感到独自飞行时的迟缓、拖拉与吃力，所以很快又回到队伍中，继续利用前一只鸟所造成的浮力。

许多人、许多企业以为各自的单飞会给他们带来更大的收益，可是，当单飞之后，却发现自身的力量过于单薄，无法取得持久性的成功。

12 成功需要炒作，巧借媒体于平中生奇

媒体的神奇力量大家有目共睹，从2005年的超女李宇春到2006年的搞怪天才师洋再到2007年快男陈楚生，媒体成就了一个又一个的平民巨星。而从博弈论的角度来讲，借助媒体进行炒作无疑是一条弱势变强势的博弈策略，无数的“小猪”借助“媒体”这一“大猪”的力量成就了自己。

1992年，奥利斯公司的新建总部大厦竣工了。公司正在筹划乔迁公关活动和大厦落成典礼。突然有一天，一大群鸽子飞进顶层的一间屋子里，并将这个房间当作它们的栖息之处。本来，这是一件“闲事”，与该公司似乎也没有什么关系。不过，奥利斯公司当时的策划部经理李先生闻知此事后却喜上眉梢，他立即下令紧闭门窗，迅速保护、喂养鸽群，因为正在为公司乔迁公关活动而劳神费心策划的他敏锐地意识到，这是扩大公司影响的绝好机会。

李先生将鸽群飞入大楼这件事报告给动物保护协会，与时下正火热的动物保护结合起来，然后有意将此事渲染后，又巧妙地透露给各主要新闻机构，新闻界被这件既有趣、又有意义、更有新闻价值的消息惊动了，于是，很快地，电视台、报社等新闻传播媒体纷纷派出记者，赶到这座新落成的总部大厦，进行现场采访和报道。

动物保护协会基于李先生的申请派专人去处理保护鸽子的“大事”，保证鸽群在不受伤害的情况下回归大自然，活动整整持续了三天。在这三天中，各新闻媒体对捕捉、保护鸽群的行动争相进行了连续报道，从而使得社会公众对此新闻事件产生了浓厚的兴趣，以极大热情关注着活动的全过程，而且消息、特写、专访、评论等报道方式将这件“闲事”炒成整个社会关注的热点和焦点，把公众的注意力全吸引到奥利斯公司和它刚竣工的总部大厦上。此时，作为公司的首脑，当然也不会放过这一免费宣传公司形象的机会，他们充分利用专访频频在电视、报纸、广播中“亮相”的机会，向公众介绍公司的宗旨和经营方针，让公众对公司的了解更加深入，从而大大提高了公司的知名度，结

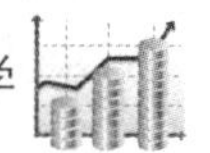

果可想而知，活动大获全胜。

这个时代是一个炒作的时代，炒名人、炒影视、炒书籍、炒楼盘、炒股票、炒古董、炒汽车、炒足球……它给人的感觉是天下万物就像炒花生、炒瓜子那样，莫不能炒。

脑白金广告是大家都熟悉的，而它炒作的功夫更是让人叫绝。

很多人认为脑白金广告制作粗糙，表情庸俗，几个小丑式的卡通人物以夸张的表情，反复唱“送礼还送脑白金”，让人感觉没完没了。用语太过直白，既没有诗情画意，也没有文化内涵，画面既不美轮美奂，也没有气壮山河的冲击力。至于情节，几乎谈不上，就是扯着嗓子喊。其手段之拙劣，声音之枯燥无味让人忍无可忍。在某刊物评出的最恶俗烦人的广告中，脑白金广告高居首位。

然而，犹如臭豆腐闻着臭吃着香的悖论一样，脑白金却卖得特别好，广告“滥”但产品却能卖得好。为何？

尽管当电视机里一响起麻雀闹窝似的“今年过节不收礼，要收就收脑白金”时，人们如同条件反射式地调转节目频道。可当人们走进商品琳琅满目的大商场，踯躅于给亲戚朋友送什么礼时，同样条件反射地想起了这几乎把所有人脑袋撑破的广告词。送礼，不送脑白金送什么呢？

这是一个传媒能使人发财的年代，媒体能够利用鸡毛蒜皮的琐事制造出成千上万个明星，自然也制造出无以数计的明星企业和企业家。所以，“小猪”们要想迅速走向成功，就必须具有借助媒体进行炒作的智慧，紧跟时代的步伐，制造一些热点事件、热点人物、创造新奇概念，挖掘提炼新闻，继而引起媒体的注意，进行炒作，吸引人们的注意力，从而借助媒体的力量一飞冲天。

炒作让你聚集更多人气

认识炒作

炒作就是有意识地通过透露某种似是而非的绯闻或异常现象来吸引媒体报道，以使自身达到某种成名或获利的目的没事找事的事件营销。炒作是把双刃剑，运用好了能起到很好的宣传作用，运用不好会让目标客户反感。

炒作的必要性与技巧

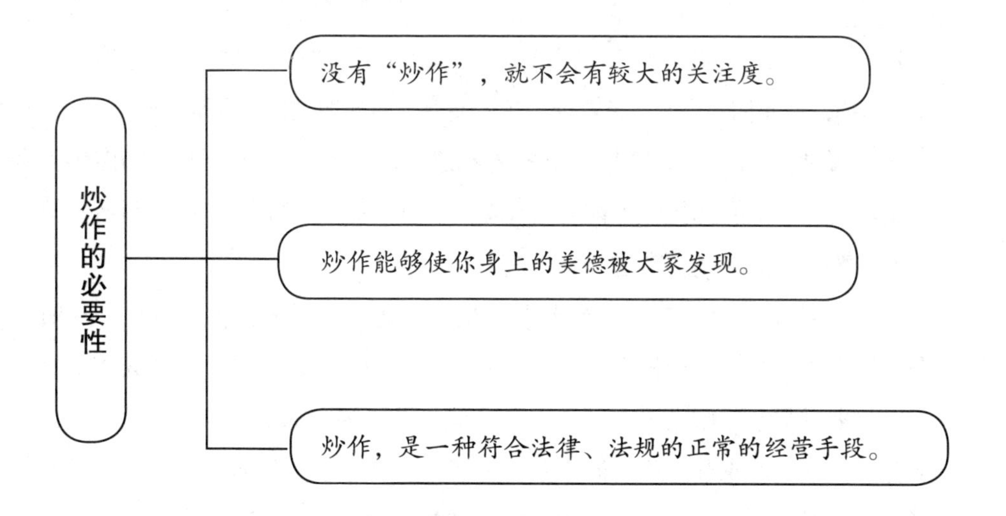

炒作的技巧

炒作的目的是制造噱头，吸引读者的关注，最终提高物品的发行量或网站的点击率。

炒作的窍门是充分利用人们爱争吵的恶习和窥私欲、揭私欲，发挥作者的制造力和想象力。

炒作的特征是故意地引发争议，使自己的话题在一段时间内流传于各大网站报刊头条，借此为自己宣传最新作品，从而达到最终目的。

13 顺势而为，借时势而成气候

孙中山曾言：“世界潮流，浩浩荡荡；顺之者昌，逆之者亡。”荀子曾说：“登高而招，臂非加长也，而见者远；顺风而呼，声非加疾也，而闻者彰。”

虽然说法不同，但意思是差不多的：成就事业者，要认清形势，借势而动，顺势而为，唯有如此，方能有所作为。如果一味与发展趋势逆向而行，只能落得一败涂地的下场。有这样一个寓言故事：

一个烈日炎炎的下午，一头水牛正在离大河口不远的大树下休息。这时飞来一只阳雀，落在一棵树上，亲热地同水牛打招呼。水牛问：“今天怎么有空到这儿来玩啊？”阳雀说：“我不是来玩，是来喝水的。”水牛乐了：“你喝水也值得到大河来，随便一滴水不就够了吗？”阳雀却笑着说：“你信吗？我喝水比你喝得多呢。”水牛哈哈大笑：“怎么会呢。”

阳雀说：“咱们试试看，你先来。”它知道马上就要涨潮了。

水牛伏在河边，张开大口，用力喝起来，可不管它喝多少，河里的水不但不少，反而多了起来。水牛肚子圆鼓鼓的，已经喝不下了。

等到潮快退的时候，阳雀飞过来，把嘴伸进水中。水退潮了，阳雀追着去喝。

水牛伤心地说：“你个头不大，水却喝得不少。”

“你服了吧？”阳雀笑着问水牛，然后振翅飞走了，留下大水牛呆呆地望着河水，它怎么也想不明白，为什么会是这样。

小阳雀能够轻松打败大水牛，就在于它懂得借用自然规律，顺势而为。

做人也要懂得顺势而为，需要对事物发展的规律有深入的研究。因此，顺势而为的关键是要对趋势的发生、高潮和衰竭过程有准确的判断与把握。社会的发展和经济的运行，其实是一种波段式、螺旋式的前进。比如说，服装等时尚的流行，几年时间就是一个轮回。

对于这些周期性很强的行业来说，要进入就必须在风生水起的时候；乃至高潮迭起时，你可手持红旗屹立潮头；待到行业过热时，则应尽量抽身而退。

做人要懂得顺势而为

顺势的阳雀和逆势的水牛

水牛的失利在于，它不懂得潮起潮落的自然规律，逆势而为。

阳雀虽小，但是由于看清了自然规律，懂得顺势而行，利用退潮，制造能喝水的假象，最终赢了水牛。

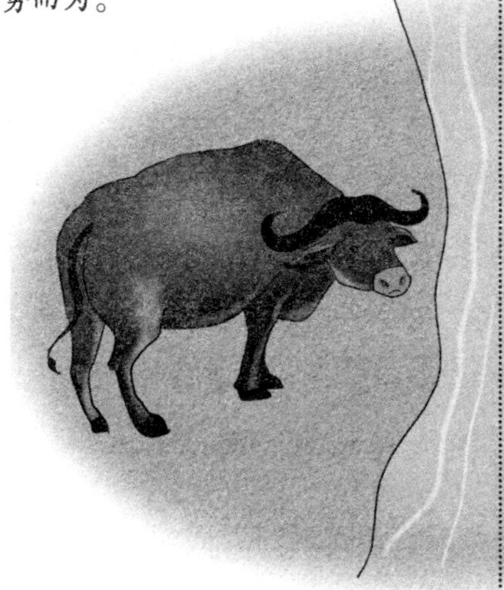

掌握人际关系中的规律

- 要想赢得良好的人际关系，就要对周围的各种人有一个清醒的认识，懂得在合适的时机说话办事。
- 顺势而为的关键是对趋势的发生、高潮和衰竭过程的准确判断与把握。

14 强强联合，与狼共舞胜过在羊群里独领风骚

西方有句古谚说：“狮子和老虎结了亲，满山的猴子都精神。”意思是说：与强者建立互利的伙伴关系会产生焕然一新的新景象。这句话在博弈中同样成立，但在博弈论中，强强联合更多的是出于策略的思考，即通过大家的共同推动，实现正和博弈的结局。

金龙鱼是嘉里粮油旗下的著名食用油品牌，最先将小包装食用油引入中国市场。多年来，金龙鱼一直致力于改变国人的食用油健康条件，并进一步研发了更健康、营养的二代调和油和AE色拉油。

苏泊尔是一家以炊具制造为主、多元发展的企业集团。多年来，苏泊尔在不断加大科技投入的同时，加大了资本运作的力度，先后在浙江玉环、杭州、武汉和广东东莞等地建有四个生产基地。

苏泊尔是中国炊具第一品牌，金龙鱼是中国食用油第一品牌，两者都倡导新的健康烹调观念。如果两者结合在一起，岂不是能将“健康”做得更大?

就这样，两家企业策划了苏泊尔和金龙鱼两个行业领导品牌“好油好锅，引领健康‘食’尚”的联合推广，在全国800家卖场掀起了一场红色风暴……

“好油好锅，引领健康‘食’尚”活动在全国36个城市同步举行。活动期间（2003年12月25日至2004年1月25日），顾客凡是购买一瓶金龙鱼二代调和油或色拉油，即可领取红运双联刮卡一张，刮开即有机会赢得新年大奖，包括丰富多样的苏泊尔高档套锅（价值600元）、小巧动人的苏泊尔14厘米奶锅、一见倾心的苏泊尔“一口煎”。同时，凭红运双联刮卡购买108元以下苏泊尔炊具，可折抵现金5元；购买108元以上苏泊尔炊具，还可获赠900ml金龙鱼第二代调和油一瓶。同时，苏泊尔和金龙鱼还联合开发了“新健康食谱”，编纂成册送给大家，并举办健康烹调讲座，告诉大家怎样选择健康的油和锅。

活动正值春节前后，人们买油买锅的欲望高涨。此次活动，不仅给消费者更多让利，让购物更开心，更重要的是，教给了消费者健康知识，帮助消

费者明确选择标准。通过优质的产品和健康的理念，提升了国人的健康生活素质。所以这一活动一经推出，立刻获得了广大消费者的欢迎，不仅苏泊尔锅、金龙鱼油的销售大幅上涨，而且其健康品牌的形象也深入人心。

在这次合作中，苏泊尔、金龙鱼在成本降低的同时，品牌和市场得到了又一次提升：金龙鱼扩大了自己的市场份额，品牌美誉度得到进一步加强；而苏泊尔，则进一步强化了中国厨具第一品牌的市场地位。这正是强强联合带来的双赢局面。

我们都知道，正和结局是对博弈双方最好的结局，而要想实现这种双赢的正和结局，像故事中的金龙鱼和苏泊尔一样实行强强联合，乃是一种行之有效的方法。

其实，不仅在经营领域，在生活的各个方面，与狼共舞都要远远胜于在羊群里独领风骚。如果你想在生活事业上取得成功，实现于人于己都有利的正和结局，就必须学会与狼共舞。

当然，与狼共舞并不是一件容易的事，需要你找准与他们的利益交汇点，若无利可图，谁也不会和你合作。合作的本质就是在公平的基础上达到互惠互利。

什么样的人才是强者

强者的三种类型

人与人交往，往往是意志力的较量，能影响他人的人，往往都是强者。

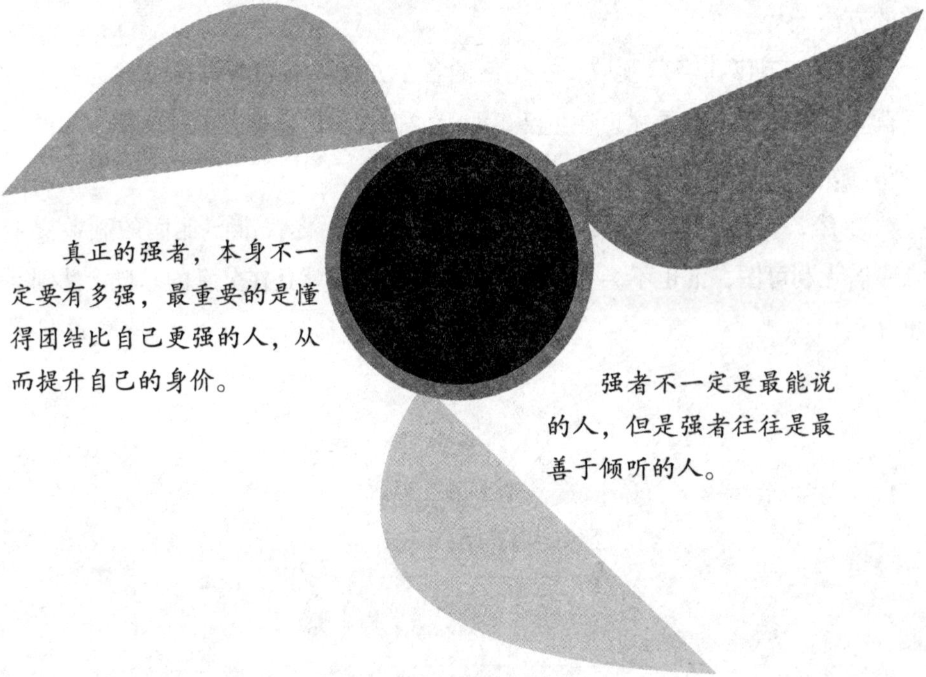

真正的强者，本身不一定要有多强，最重要的是懂得团结比自己更强的人，从而提升自己的身价。

强者不一定是最能说的人，但是强者往往是最善于倾听的人。

什么样的选择决定什么样的生活。今天的生活是由三年前我们的选择决定的，而今天我们的抉择将决定我们三年后的生活。今天你敢于选择与强者共舞，明天你就是强者。

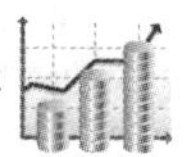

如何使人与你合作

第一步：了解对方

了解对方的基本情况，比如说长相、职位、兴趣、爱好、特殊习惯等。防止见面时产生不必要的尴尬。

第二步：了解自己

对自己的状况有一个预估，总结自己的优势，让对方感受到你与之交往的诚意。

第三步：了解对方需要

人总是关心自己的，所以，你要了解对方需要什么，想其所想，才能在交往过程中占上风。

15 做人要避免“零和博弈”

中国人有句老话“忍一时风平浪静，退一步海阔天空”，讲的是非暴力的智慧，用博弈论术语来说就是避免“零和博弈”。

在社会生活的各个方面都能发现与“零和游戏”类似的局面，胜利者的光荣后面往往隐藏着失败者的辛酸和苦涩。我们生活中的邻里之间也是一种博弈，而博弈的结果，往往让人难以接受，因为它也是一种一方吃掉另一方的零和博弈。

在一个家属院里住着四五家人，由于平时太忙，邻里之间就如同陌生人一样，各家都关着门过着平静的生活。但不久前，这个家属院热闹了，原因是，有一家的大人为家里的女儿买了一把小提琴，小女孩没有学过小提琴，又喜欢每天去拉，而且拉得难听极了，更要命的是小女孩还总挑人们午休的时候拉，弄得整个家属院的人都有意见。于是矛盾便产生了，有性格直率的人直接找上门去提意见，结果闹了个不欢而散，小女孩依然我行我素。大家私下里议论纷纷，有年轻人发了狠说，干脆每家买一个铜锣，到午休的时候一齐敲，看谁厉害。结果，几家人一合计，还真那样做了。结果合计的几家人，终于让那个小女孩不再拉提琴了。不过之后的几天，小女孩见了邻居，便如同见了仇敌一样。她认为，是这些人使她不能再拉小提琴的。邻里关系更是糟糕极了。

可以说，这个典型的一方吃掉另一方的零和博弈是完全可以避免的。对于这件事，其实双方都有好几种选择。对于小女孩这一家来说，其一，他们可以让女儿去培训班参加培训；其二，在被邻居告知后，完全可以改变女儿拉提琴的时间；其三，也就是在被邻居告知后，不去理会。而其邻居也有如下选择，其一，建议这家的家长，让小女孩学习一些有关音乐方面的知识；其二，建议他们不要让小女孩在午间休息时间拉琴；其三，以其人之道，还治其人之身。

但其结果，双方的选择很让人遗憾，因为他们都选择了最糟糕的方案。很多事实证明，在很多时候，参与者在人际博弈的过程中，往往都是在不知

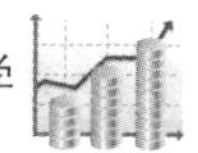

不觉中做出最不理智的选择，而这些选择都是由于人们的自私自利所得出的结果，要么是零和博弈，要么是负和博弈。

如果博弈的结果是“零和”或“负和”，那么，对方得益就意味着自己受损或双方都受损，因此，为了生存，人与人之间必须学会与对方共赢，把人际关系变成是一场双方得益的“正和博弈”。与对方共赢，是使人际关系向着更健康方向发展的唯一做法。如何才能做到这一点呢？要借助合作的力量。

有这样一个关于合作的例子。

有一个人跟着一个魔法师来到一间二层楼的屋子里，在进第一层楼的时候，他发现一张长长的大桌子，并且桌子旁都坐着人，而桌子上摆满了丰盛的佳肴，虽然，他们不停地试着让自己的嘴巴能够吃到食物，但每次都失败了，没有一个人能吃得到。因为大家的手臂都受到魔法师诅咒，全都变成直的，手肘不能弯曲，而桌上的美食，夹不到口中，所以个个愁眉苦脸。但是，他听到楼上却充满了愉快的笑声，他好奇地上了楼，想看个究竟。但结果让他大吃一惊，同样的也有一群人，手肘也是不能弯曲，但是，大家却吃得兴高采烈，原来他们每个人的手臂虽然不能伸直，但是因为对面人的彼此协助，互相帮助夹菜喂食，结果每个人都吃得很尽兴。

从上面博弈的结果来看，同样是一群人，却存在着天壤之别。在这场博弈中，他们都有如下的选择：其一，双方之间互相合作，获得各自利益；其二，互相不合作，各顾各的，自己努力来获得利益。我们可以看出，在这场博弈中，只有那些互相合作，相互帮助的人，才能够真正达到双赢，走向正和博弈。而对于人际交往来说，要想取得良好的效果，就应该主动伸出友谊的手，和其他人互相扶持，共同成长。

做人要避免双输之邻里关系

如何处理好邻里关系

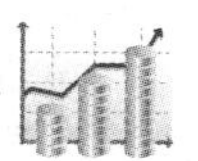

做人要避免双输之一念天堂一念地狱

合作的天堂

自私的地狱

合作之前的注意事项

第七章 职场篇

——生存要有竞争，也要双赢

 避免职业选择中的“双输现象”

逆向选择在招聘场合也是经常发生的现象，所以才会有那么多的人找不到合适的工作，而单位又慨叹招不到合适的人才，造成了一种让人遗憾的“双输现象”，即招聘方和应聘方都没能达成所愿。我们看到招聘会里人头攒动，人声鼎沸；我们又看到企业求贤若渴，迫不及待。两相对比的反差，正是招聘中逆向选择的规律在起作用。很多企业总是发愁，一个个求职者的简历五花八门，好不容易筛选出一份简历来，面试过关了，一工作，却没有实际能力，给企业造成了浪费和损失。尤其是高层次人才，讲起话来滔滔不绝，使听者觉得他见多识广，经验也好像非常丰富，可是一工作，就总是漏洞百出。

A集团公司的业务蒸蒸日上，但是最近老总却陷入烦恼中。公司准备投资一项新的业务，已经通过论证准备上马了，但是几位高层在事业部总经理的人选上产生了很大的分歧。一派认为应该选择公司内部的得力干将小王，而另一派主张选用从外部招聘的熟悉该业务的小李，大家各执己见，谁也不能说服对方，最后还是需要老总来拍板。那么，究竟哪一种选择更好呢？

就经验而言，外聘的小李显然经验要丰富得多，小李到此工作属于空降，而本公司的小王更具有本土优势，对业务也十分熟悉；但人事这一块，应该还是外聘较好吧，因为老总觉得自己公司活力不足，应该填充些新鲜血液。最终老总拍板，决定用外聘的小李。小李开始正式走马上任。小李的优势很明显，美国著名高校的MBA，完全的洋式经营理念。而小王不过中专毕业，是从底层一步步熬上来的。老总对小李寄予厚望，小李也很努力，开始认真地对公司的人力资源进行诊断，并煞有介事地挑出了一堆毛病。老总一看，心里开始担忧，这些毛病要整改完成，自己公司将会垮掉。时间一久，小李只知道挑毛病，却没有对公司进行任何实际操作，弄得公司人人自危，怨声载道。老总一看，这样不行，于是迫不得已又把小李辞退了，而此时的小王却因为没有得到老板的重视，已经跳槽去别的单位了。A集团公司花费了大量的时间、精力和金钱，最终不但没有给公司带来效益，反而使公司发生了危机。

A集团公司所碰到的就是典型的逆向选择。正是因为彼此的信息是不对称的，老板不知道小李的实际操作能力，只看到了小李的海外镀金背景，结果弄得自己很狼狈。要解决这种招聘中的逆向选择问题，其实老板应该给小王和小李每人一段试用期，试用期内的工资就算是了解信息的成本。如果这个成本也不愿花，那就应该选择小王，因为小王毕竟是本公司的，老板可能更加熟悉，对小王的信息掌握得更加充分。小王虽然可能达不到老板的预期，但至少也不会带来什么损失。但外聘的人，老总知道的信息就比较少了，需要花费成本来了解。所以为了避免逆向选择，信息是必要的判断依据。

避免求职中的双输之老板篇

困惑的老板

招聘员工的注意事项

序号	定义	内容
第一	招聘标准要统一。	应基于公司的统一招聘标准决定对应聘者录用与否。
第二	面试官的客观性。	面试者根据应聘人的回答对其能力作出较客观的判断。
第三	应聘人的真实性。	在面试中，要求应聘人讲述在原单位的工作年限以及自己在其中的表现。
第四	面试问题的针对性。	通过应聘人在以前工作中的表现，来系统分析、预测其未来工作成功的概率。

避免求职中的双输之员工篇

面试第一要诀：展示真实的自己

真正成功的面试不是去蒙蔽主考官，而是要展示自己真实自然的一面，打动面试官。

2 办公室中的“智猪博弈”

“智猪博弈”这一经典案例早已扩展到生活中的各个方面。在职场办公室里的人际冲突中，会出现这样的场景：有人做“小猪”，舒舒服服地躲起来偷懒；有人做“大猪”，疲于奔命，吃力不讨好。但不管怎么样，“小猪”笃定一件事：大家是一个团队，就是有责罚，也是落在团队身上，所以总会有“大猪”悲壮地跳出来完成任务。

作为经理助理的李维可以说是所谓智猪博弈中的“大猪”。一上班，他就像陀螺一样转个不停；经理则躲在自己的办公室里打电话，美其名曰“联系客户”；而手下刘明（年长于他，又是经理的“老兵”），经常玩纸牌游戏，顺便上网跟老婆谈情说爱，好不逍遥。到了年终，由于部门业绩出色，上级奖励了4万元，经理独得2万元，李维和刘明各得1万元。想想自己辛劳整年，却和不劳而获的人所得一样，李维禁不住满心不平，但是自己又能怎么做呢？如果他也不做事了，不仅连这1万元也得不到，说不定还会下岗，想来想去，还是继续当“大猪”吧！

张扬却是职场中典型的“小猪”角色。他在一家国企工作，是个“聪明”人。自参加工作起，他就这样认为：“如果工作搞得好，受表扬少不了我；但是工作搞砸了，对不起，跟我一点关系也没有。”现在工作三年了，他照样奉行着这样的处世哲学。但平时他很注意感情投资，跟同事搞好关系，以致单位好些人都当他为“哥们”。他经常对人说：“我就纳闷，怎么会有那么多人下了班嚷嚷着自己累？要是又累又没有加薪、升职，那只能说明自己笨！我从小职员当上经理，一直轻轻松松的，反正硬骨头自有人啃。”

看到上面两个人的不同命运，你是愿意做“大猪”还是愿意做“小猪”？看来看去，做“大猪”固然辛苦，但“小猪”也并不轻松啊！虽然工作可以偷懒，但私下里，要花费更多的精力去编织、维护关系网，否则在公司的地位便会岌岌可危。李维为什么忍气吞声？不就是因为刘明是经理的老部下

嘛。张扬又为什么有恃无恐？无非是有人为他撑腰。难怪说做“小猪”的都是聪明人，不聪明怎么能左右逢源？

的确，“大猪”加班，“小猪”拿加班费，这种情况在企业里比比皆是。因为我们什么都缺，就是不缺人，所以每次不论多大的事情，加班的人总是越多越好。本来一个人就可以做完的事，总是会安排两个甚至更多的人做。“三个和尚”的现象这时就出现了。如果大家都耗在那里，谁也不动，结果是工作完不成，挨老板骂。这些常年在一起工作的战友们，对对方的行事规则都了如指掌。“大猪”知道“小猪”一直是过着不劳而获的生活，而“小猪”也知道“大猪”总是碍于面子或责任心使然，不会坐而待之。因此，其结果就是总会有一些“大猪”们过意不去，主动去完成任务。而“小猪”们则在一边逍遥自在，反正任务完成后，奖金一样拿。

但话说回来，这种聪明未必值得提倡。工作说到底还是凭本事、靠实力的，靠人缘、关系也许能风光一时，但也是脆弱的、经不住推敲的风光。“小猪”什么力都不出反而被提升了，看似混得很好，其实心里也会发虚：万一哪天露了馅……如果从事的不是团队合作性质的工作，而是侧重独立工作的职业，那又该怎么办？还能心安理得地当“小猪”吗？

在职场中，“大猪”付出了很多，却没有得到应有回报；做小猪虽然可以投机取巧，但这并不是一种长远的计策。因此，身在竞争激烈的职场中，一个最理想的做法就是，既要做“大猪”，也要会做“小猪”。

办公室里有一种人，他们就如智猪博弈中的大猪，如田地里的老黄牛，闷头苦干换来的却是别人的升职提薪。

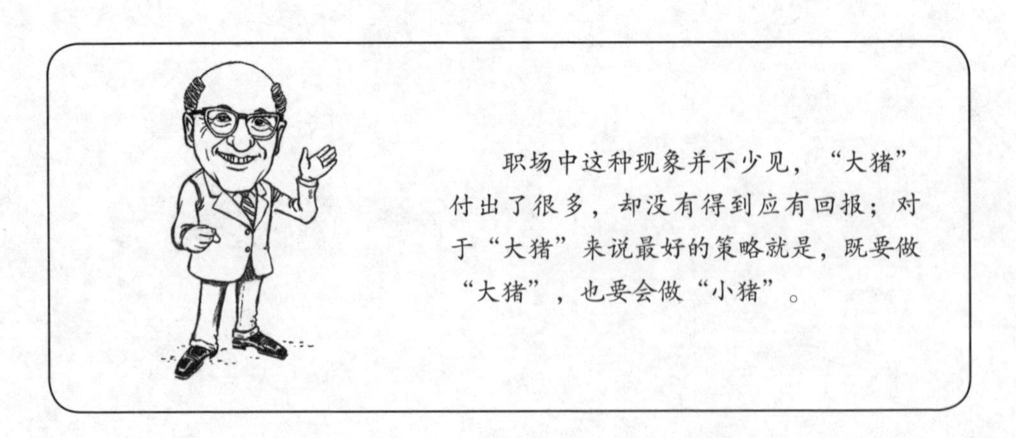

如何让老板看重你

学会展示自己的工作成果

让老板知道你的重要性的三条锦囊妙计

序号	方法	内容
第一	把每一阶段的工作任务制成表格发送给老板。	用简明的表格来表述，是为了便于老板阅读，使他不需要花很多时间就能快速看清楚报告的内容。
第二	不要以为不给老板找麻烦，什么困难都自己解决，老板就会欣赏你。	适当与老板沟通工作上的困难，老板就可以对你工作中困难的难度和出现的频率、你的专业，以及你积极主动解决问题的态度和技巧，有比较全面的认识。
第三	在大一点的项目实施过程中，学会主动地在重要阶段给老板一些信息。	就算过程再顺利，也要让老板知道进程如何。这样，老板会觉得把事情交给你，他可以很放心，执行力绝对没有问题。

3 职场中的多人博弈原则

人的一生当中，除去家人外，同事间相处的频率是最高的。所以，怎样改善同事间的交际环境，怎样促进交际融洽、和谐，便成为我们不得不学的东西了。

自古以来，就有“祸从口出”的说法，同事之间，如果彼此信得过、合得来，就可以多谈一些，谈深一些，但也不能信口雌黄。如果是关系较疏远的同事，在交谈中你就要谨慎一些。因为同事间，确实存在着一些谗言、流言、毁言、诬言，一旦你口无遮拦地什么都说，就有可能被人利用而深受其害。所以，最好是“逢人只讲三分话，不可全抛一片心”。一定要记住，不要在人前随意议论他人的长短以及兜售自己的某些隐私或亮出自己的某些底线。这样，就不会因口无遮拦而吃亏上当。在职场中多人博弈时务必要小心，因为随时会有不可预知的情况发生。但在职场多人博弈里，信息是至上的优势，可是大多时候信息是不对称的。我们一方面先要伺机挖掘信息，另一方面要做到对上司的忠诚，通俗地说就是既要做事有主见，还要忠诚。

1. 做事有主见原则

在职场博弈里，你只做到忠诚还不够，还要坚持自己的原则，做事有主见。因为职场里各种消息满天飞，一不小心，你就可能被假消息迷惑，从而失去自己在职场中的机会，所以一定要坚持做事有主见。

IBM公司最喜欢的员工就是具有“野鸭精神”的员工。他们坚持自我，不迷信上司，有胆量提出尖锐而有设想的问题。IBM公司总经理沃森信奉丹麦哲学家哥尔科加德的一段名言：野鸭或许能被人驯服，但是一旦驯服，野鸭就失去了它的野性，再也无法海阔天空地去自由飞翔了。沃森说：“对于重用那些我并不喜欢却有真才实学的人，我从不犹豫。然而重用那些围在你身边尽说恭维话，喜欢与你一起去假日垂钓的人，是一种莫大的错误。与此相比，我寻找的是那些个性强烈、不拘小节以及直言不讳，甚至似乎令人不快的人。如果你能

让自己变得有主见的方法

在职场中，我们经常能看到这类人，什么事情都要请示领导，丝毫没有自己的见解，这类人表面上是缺少主见，说深一点是怕为所做的决定承担责任。这的确是因为缺少自信而造成的。

在你的周围发掘许多这样的人，并能耐心听取他们的意见，那你的工作就会处处顺利。”IBM公司认为，这种毫不畏惧的人才会做出大的成绩，是企业真正需要的人才。坚持自我是指维护自己的观点和立场。

2. 忠诚原则

你可以能力有限，你可以处事不够圆滑，你可以有些诸如丢三落四的小毛病，但你绝对不可以不忠诚。忠诚是上司对员工的第一要求。不要试图搞小动作，你的上司能有今天的位置说明他绝非等闲之辈，你智商再高，手段再高明，在他的经验阅历面前也不过是小儿科。

最低级的背弃忠诚的游戏，往往从贪小便宜开始。任何一家正规、资深的公司，再严密的制度，总会有漏洞。如果你是一个人品俱佳的人，切不可如此。趁人不备悄悄打个私人长途；或趁上司不注意时，悄悄塞上一张因私打车的票，让其签字报销；上班时，明明迟到，卡上却填着因公外出。更有甚者，当客户来访时，给你悄悄带来一份礼物，以答谢你在业务往来中曾经给过他的帮助，而这一帮助，恰恰是以牺牲本公司的利益为代价的。细雨无声，倘若让这种“酸雨”淋了你的心，你就会慢慢地被腐蚀。老板都厌恶贪小便宜的人，他们会认为这是品质问题，一旦他们对你有了这种印象就会失去对你的信任。

上司一般都把下属当成自己的人，希望下属忠诚地跟着他，拥戴他，听他指挥。下属不与自己一条心，是上司最反感的事。忠诚、讲义气、重感情，经常用行动表示你信赖他、敬重他，便可得到上司的喜爱。

你可以通过多种方式表达对老板的忠诚，让上司感到你是他可靠的员工，但这种表示不是要你去拍马屁，而是让你将自己的坦诚展现给上司看。

对企业忠诚

忠诚、讲义气、重感情，经常用行动表示你信赖他、敬重他，便可得到上司的喜爱。

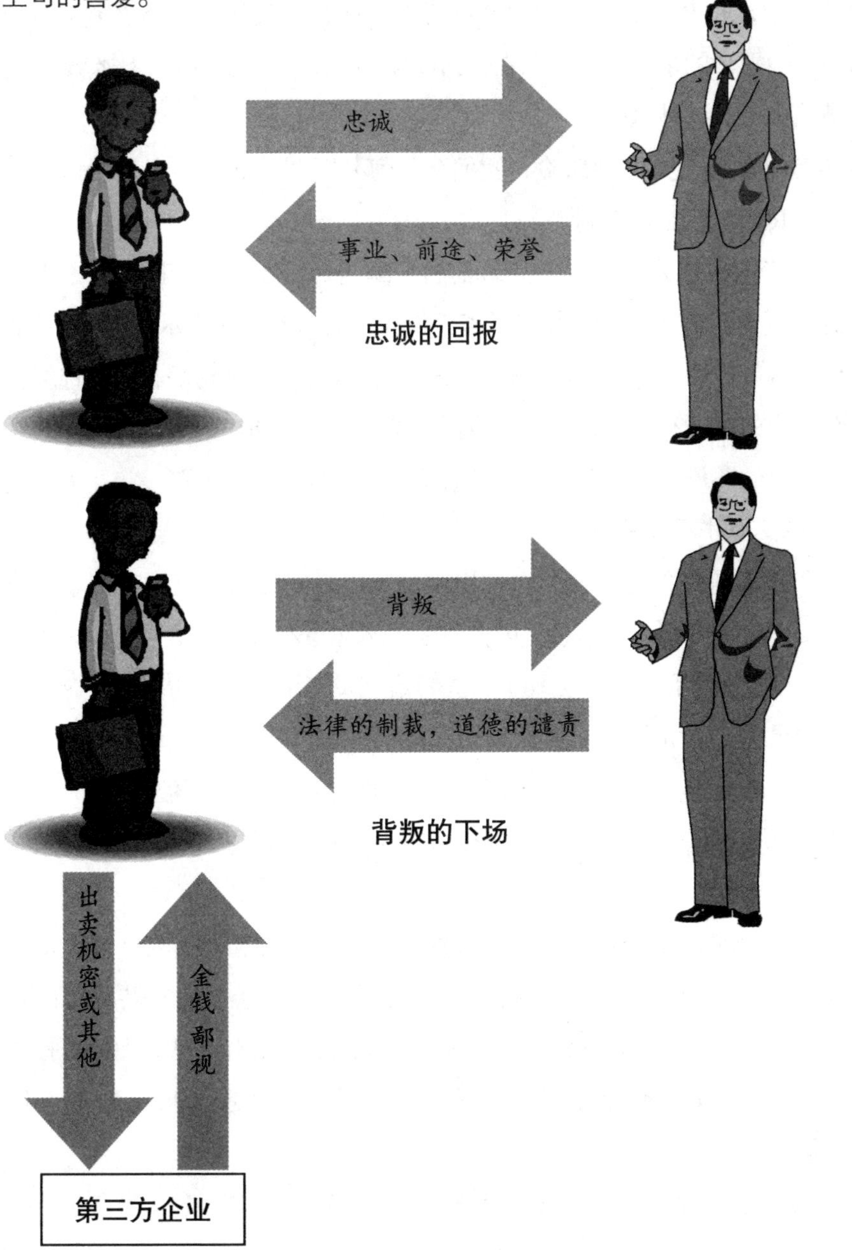

4 跳槽是把双刃剑

在职场中，每个人都知道“此处不留人，自有留人处”这个道理。跳槽已成为一件很平常的事，但它并非在任何时候都是一件有益的事。当情况不利时，跳槽就会变成一种风险。

既然有时跳槽会是一种风险，我们又如何判断呢？我们可以运用博弈的原理，判断其对自己是否有利。

假设员工甲在甲公司上班，如果他的薪酬是x元/月，由于种种原因甲有跳槽的意向。他在人才市场上投递了若干份简历后，乙公司表示愿以y元/月的薪酬聘任甲从事与甲公司类似的工作（$y>x$）。这时，甲公司面临两种选择：第一，默认甲的跳槽行为，以p元/月的薪酬聘任乙从事同样的工作（$y>p$）；第二，拒绝甲的跳槽行为，将甲的薪酬提升到q元/月，当然工资一定要大于或等于y元，员工甲才不会跳槽。

当员工甲有跳槽的想法时，单位甲和员工甲之间的信息就不对称了。很明显，员工甲占有更充分的信息，因为甲公司不知道乙公司愿给甲支付多少薪酬。当员工甲提出辞呈时，甲公司会首先考虑到员工甲所处岗位人力资源的可替代性，如果甲人力资源不具有可替代性，那么甲公司就会以提高薪酬的方式留住甲，员工甲与甲公司经过讨价还价后，甲公司会将员工甲的薪酬提升到大于或等于y元/月的水平。如果甲人力资源具有可替代性，那么甲公司就会默认甲的跳槽行为。

其实，每个单位都会针对员工的跳槽申请做出两种选择：默许或挽留。相对来说，员工也会做出两种选择：跳槽或留任。实际上，在对待跳槽问题上，单位和员工都会基于自身的利益讨价还价，最后做出对自己有利的选择。实质上这一过程是单位和员工的博弈过程，无论员工最后是否跳槽都是这一博弈的纳什均衡。

以上只是基于信息经济学角度而进行的理论分析。实际上，当存在招聘

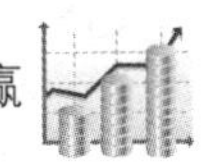

成本时，即便人力资源具有可替代性，单位也会在事前或事后采用非提薪的手段阻止员工跳槽。例如，事前手段：单位与员工签署就业合同时，约定一定的工作时限和违约金额。事后手段：①限制户籍或档案调动。②扣押员工工资。③扣押员工学历证书或相关资格证等。

另外，对于员工来说，跳槽也存在择业成本和风险。新单位是否有发展前景，到新单位后有没有足够的发展空间，新单位增长的薪酬部分是否能弥补原来的同事情缘，在跳槽过程中，员工必须考虑到这些因素。这只是员工一次跳槽的博弈，从一生来看，一个人要换多家单位，尤其是年轻人跳槽更为频繁。将一个员工一生中多次分散的跳槽博弈组合在一起，就构成了多阶段持续的跳槽博弈。

正所谓行动可以传递信息。实际上，员工每跳一次槽就会给下一个雇主提供自己正面或负面的信息。比如：跳槽过于频繁的员工会让人觉得不够忠诚；以往职位一路看涨的员工会给人有发展潜力的感觉；长期徘徊于小单位的员工会让人觉得缺乏魄力。员工以往跳槽行为给新雇主提供的信息对员工自身的影响，最终将通过单位对其人力资源价值的估价表现出来。但相对于正面的信息来说，新单位会在原基础上给员工支付更高的薪酬。

从短期看，通常员工跳槽都以新单位承认其更高的人力资源价值为理由；如果从长期看，员工跳槽的前一阶段时间会影响到未来雇主对其人力资源价值的评估。这种影响既可能对员工有利，也可能对员工不利。换句话说，员工在选择跳槽时，也等于在为自己的短期利益与长期利益做选择。

在职场中，如果一个人心已不在就职单位，那么他或多或少会在工作中表现出来。但你不要总以为自己才是最聪明的，也不要总想着跳槽。需要时刻记住的是：无论如何取舍，不会有人为你的失误埋单。跳槽也存在着风险，要经过充分的考虑。

跳槽也要选时机

跳槽的时机

跳槽是一把双刃剑，跳好了，你会展翅高飞；跳不好，可能在未来等着你的就是一个火坑。

跳槽的规划
跳槽前，确定自己的人生目标。
君子谋时而动，顺势而为。
分清“贵人”与“拦路人”。
看清猎头对跳槽的作用。
别让名人的光环照花自己的眼睛。
五种最不理智跳槽
仅仅为了收入。
被情绪左右的跳槽。
连续跳槽形成依赖症。
目标不明，轻易转行。
对新东家整体情况了解不够。

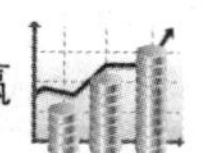

跳槽与年龄规划

25岁，找到自己的职业定位。	25～30岁，在工作中独当一面。

30～35岁，形成个人模式与工作风格。	35岁以上，收获的季节。

5 绩效考核中的博弈

绩效考核作为人力资源工作的一项重要组成部分，历来受到人力资源工作者的重视。在企业方面，大多数只提倡“用人主管应提高管理素质，保证公正、客观的考核”，但由于缺乏应有的制度加以规范，收效并不十分理想。如果从“囚徒困境”博弈的有关理论出发，此问题可以得到较大程度缓解。绩效考核，实际上是对员工考核时期内工作内容及绩效的衡量与测度。博弈方为参与考核的决策方；博弈对象为员工的工作绩效；博弈方收益为考核结果的实施效果，如薪酬调整、培训调整等。

我们假设绩效考核结果为考核决策方带来的影响可以用效用来衡量，而且绩效考核决策方的合作与不合作态度可以衡量。

员工的合作决策指员工愿意根据自己的实际工作绩效做出客观的评估决策。相反，员工的不合作决策指员工故意降低或提高实际工作绩效的决策。在实际工作中，员工的不合作决策大多表现为有意识地掩盖自己的错误或者有意扩大自己的工作成绩与工作能力。

类似地，主管的合作决策指主管能够根据员工的实际工作绩效做出客观的评估；主管的不合作决策指主管对考核漠不关心，随意做出考核结果，有意掩盖或排挤某位员工。由于主管与员工的长期相处，则更多表现为对员工采取宽容决策。

因此，员工的不合作仅指员工故意掩盖错误或扩大工作绩效；主管的不合作决策仅指故意采取宽容下属的“天花板效应”。

下面我们将分析员工与主管可能采取的决策及相关决策收益：

（1）当员工采取合作决策，同时主管也采取合作决策，则人力资源部可以得到较为公正客观的数据，从而较精确地得到考核结果，因此可以做出较为适当的处理结果，即与员工的工作绩效能有效结合。可以记为五个单位效用。

（2）员工采取合作决策，而主管采取不合作决策。人力资源部得到的数

据则过多倾向于以员工提供的材料为主，即员工意见所占比重有较大程度的提高，从而使考核结果有利于员工，即可以记为10个效用单位。同时，人力资源部得出主管未能有效配合人力资源部的工作，即未完成他的一部分职责。因此在影响到主管工作绩效评估的同时影响到主管的晋升并为其加薪增加困难。可以记为－2个效用单位。

（3）与上类似，员工采取不合作决策，而主管采取合作决策。则处理结果中，主管所占的比重有较大程度的提高。作为进一步的调整，人力资源部认为员工缺乏应有的敬业精神，从而影响到员工的长期发展机会。主管则能够对自己的本职工作负责，能够完全胜任本职工作，从而为他的进一步发展提供良好的基础。可以计为10个效用单位。

（4）员工与主管均采取不合作决策，由于人力资源部缺乏必要的资料处理来源，从而对员工的绩效缺乏公正评价。由于必须做出决策，单位更多倾向于折中策略，在短期内将会有利于员工与主管的决策。主管与员工的决策收益可以计为7个效用。

因此，如果用决策收益矩阵图可表示为：由于员工与主管都希望自己的决策收益最大化，因此双方最终选择合作决策。这将有利于员工、主管及公司的发展。

从长期角度分析，只能是双方中有一方离职后博弈才结束，因此理论上考核为有限次重复博弈。但实际工作中，由于考核次数较多，员工平均从业时间较长，加之离职的不可完全预知性，因此可将考核近似看作无限次重复博弈。

随着考核博弈的不断重复及在一起工作时间的加长，主管与员工双方都有一定程度的了解。在实际工作中，由于主管的意见在考核结果中通常占有较高的比重，所以主管个人倾向往往对考核结果有较大的影响力。而且考核为无限次重复博弈，因此员工为了追求效用最大化有可能根据主管的个性倾向调整自己的对策。因此，从长期角度分析，人力资源部要做出相应判断与调整，如采用强制分布法、个人倾向测试等加以修正的。

绩效考核
绩效考核是人力资源的重要组成部分，关系到公司是否能够合理利用公司的人力资源。
每一名员工都希望企业能客观公正地考评绩效。

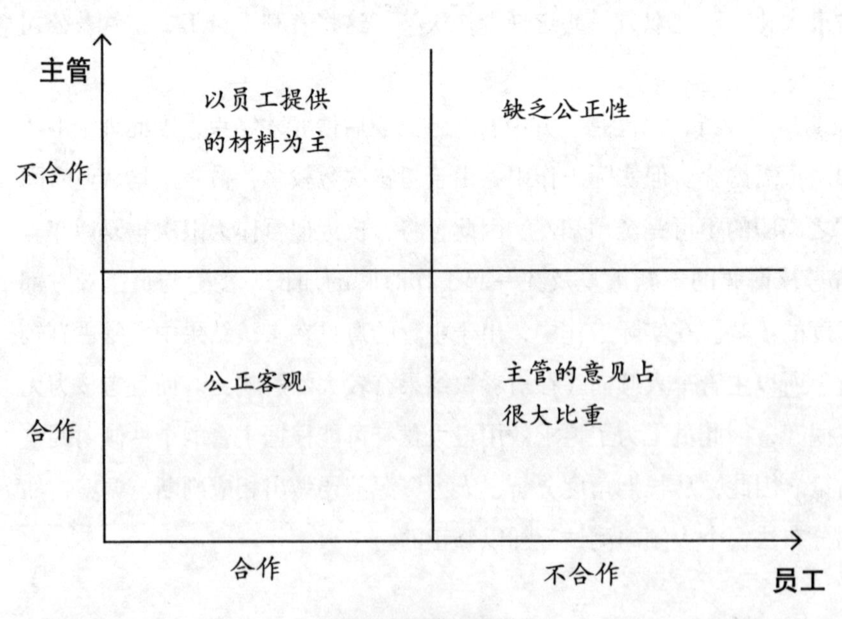
主管
不合作
合作
以员工提供的材料为主
缺乏公正性
公正客观
主管的意见占很大比重
合作
不合作
员工

决策收益矩阵图

绩效考核注意事项

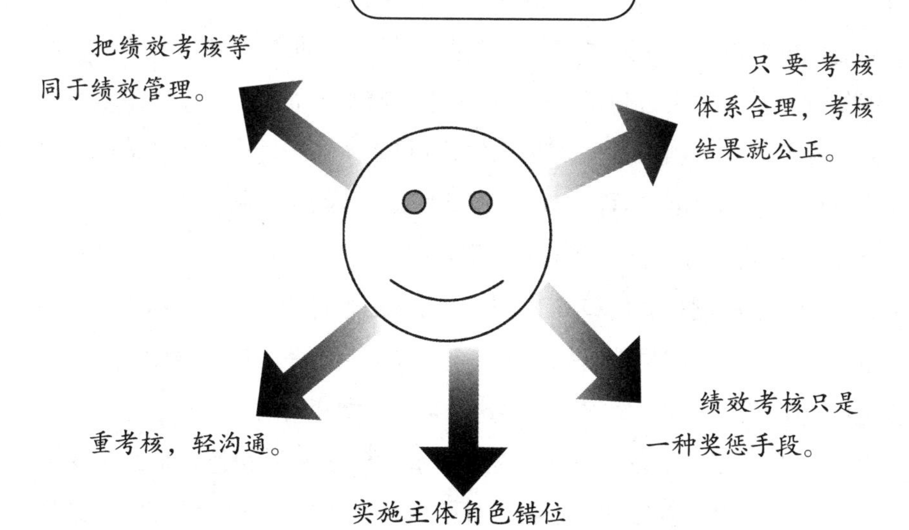

确保绩效考核执行力的六要点

- 确保绩效管理体系的适宜性是前提。
- 高层领导强有力的组织和推动是关键。
- 持续深入的沟通、反馈与面谈是核心。
- 承诺与兑现是标志。
- 提升员工的素质和能力是重要手段。
- 在绩效管理上所花的时间和精力是绩效管理推进力度的根本保证。

6 企业要有好的机制

在兵法上有一句话说得好："用赏贵信，用刑贵正"。这里的"用赏贵信"也就是激励机制，"用刑贵正"也就是惩罚机制，但现在我国大多数企业对员工的管理激励与约束机制还没有很好地建立起来。如在一些企业中，不仅缺乏有效的培养人才、利用人才、吸引人才的机制，还缺乏合理的劳动用工制度、工资制度、福利制度和对员工有效的管理激励与约束机制。

当企业发展顺利时，首先考虑的是资金投入、技术引进；当企业发展不顺利时，首先考虑的则是裁员和员工下岗，而不是想着如何开发市场以及激励员工去创新产品、改进质量与服务。那么企业如何制定一个员工激励制度，从而有效地激发员工工作的热情呢？其实这就是一个博弈的运用。

比如说，有一家游戏软件的企业老总，打算开发一种叫作《仙剑奇缘》的新网络游戏。如果开发成功，根据市场部的预测可以得到2 000万元人民币的销售收入。如果开发失败，那就是血本无归。而企业新网络游戏是否会成功，关键在于技术研发部员工是否全力以赴、殚精竭虑来做这项开发工作。如果研发部员工完全投入工作，这款游戏研究成功有80%的可能，从而达到市场部所预测的程度；如果研发部员工只是敷衍了事，那么游戏成功的可能性只有60%。

如果研发部全体员工在这个项目上所获得的报酬只有500万元，那么这些员工对于开发这款游戏的热情不够，他们就会得过且过、敷衍了事。要想让这些员工得到高质量的工作表现，老板就必须给所有员工700万元的酬金。

如果老板仅付500万元总酬金，那么市场销售的期望值有1 200万元（2 000×60%），再减去500万元的固定酬金，老板的期望利润有700万元。如果老板肯出700万元的总酬金，则市场销售的期望值有1 600万元（2 000×80%），再减去总酬金700万元，老板最终的期望利润有900万元。

然而困难在于，老板很难从表面了解到研发部的员工在进行工作时到底有没有兢兢业业地完成任务。即使给了全体员工700万元的高额酬金，研发部

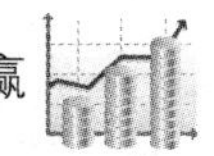

员工也未必就尽心尽力地完成这款游戏。由此看来，一个良好的奖罚激励机制对于企业极其重要。

公司最好的方式就是：若游戏市场形势良好，员工报酬提高；若是市场形势不佳，则员工报酬缩减。"禄重则义士轻死"，如果市场部目标达到，则付给全体研发人员900万元，若是失败，则让全体研发员工付给企业100万元的罚金。在这种情况下，员工酬金的期望值是700万元（$900\times80\%-100\times20\%$），其中900万元是成功的酬金，成功的概率为80%，100万元则是不成功的罚金，不成功的概率为20%。在理论上，采用这样的激励方法会大大提高员工工作的努力程度。

从某种意义上来说，这种激励方法相当于赠送一半的股份给企业研发部员工，同时员工也承担游戏软件市场失败的风险。然而这种方法在实际中并不可行，因为不可能有任何一家企业能够通过罚金的方式来让员工承担市场失败的风险。可行的方法就是，尽量让企业奖惩制度接近于这种理想状态。更加有效的方法，就是在本质上类同于奖励罚金制度的员工持股计划。我们可以将股份中的一半赠送给或者销售给研发部的全体员工，结果仍然和罚金制度是相同的。

总而言之，一个良好的奖惩制度就是业绩越好，奖励越高。一个合适的、奖罚分明的制度才能够对员工创造出合适的激励。因此说，一个好领导应建立好一个激励与约束员工的制度。

企业要有好的奖惩机制

奖惩机制

企业只有建立一套良好的激励机制，才能吸引优秀技术人才、管理人才，才能让他们很好地创造成果，创造财富。

建立激励机制的四个关键

一要加大物质激励力度，形成良好的动力，激发员工的潜能和创造力。

打破薪酬分配和奖励中的平均主义。

二要注重长期激励机制和短期激励机制的结合。

可以增强员工的责任感和荣誉感，树立与企业荣辱与共的意识。

三要注重精神激励机制作用，以精神因素鼓励员工。

建立精神激励机制要尊重员工的人格、意见、个人利益和发展需要。

四要注重激励机制与约束机制相结合。

约束与激励是有机结合、缺一不可的。

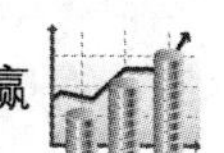

企业奖惩机制中容易犯的错误

序号	误区内容
1	需要有更好的成果，但却去奖励那些看起来最忙、工作得最久的人。
2	要求工作的质量，却设下不合理的指标和期限。
3	希望有对问题治本的解决方案，却奖励治标的方案。
4	光谈对公司的忠诚度，却不提供工作保障，而且付最高的薪水给新进来的和那些威胁要离职的员工。
5	需要将事情简单化，却奖励那些使事情复杂化和制造麻烦的人。
6	要求和谐的工作环境，却奖励那些最会抱怨且光说不做的人。如“会哭的孩子有奶喝”等。
7	需要有创意的人，却责罚那些敢于特立独行的人。
8	要求奖勤罚懒，却对兢兢业业、恪尽职守的员工视而不见，而对溜须拍马、阿谀奉承的人高看一眼。
9	要求团队合作，却奖励团队中的某一成员而忽略了其他人。
10	需要创新，却处罚未能成功的创意，且奖励墨守成规的设计。

7 分槽喂马的用人方略

据说战国时期，北方有两种马特别有名：一种是蒙古马，它力大无穷，能负重千余斤；另一种是大宛马，它驰骋如飞，能一日千里。

当时，邯郸有个商人家中正好养了一匹蒙古马和一匹大宛马。两匹马有着不同的分工：蒙古马用来运输货物，大宛马用来传递信息。但两匹马却圈在一个马厩里，在一个槽里吃料，它们经常为争夺草料而相互踢咬，每每两败俱伤，这令商人烦恼不已。

恰巧伯乐来到邯郸，商人于是请他来帮助解决这个头疼的问题。

伯乐来到马厩看了看，微微一笑，说了两个字：分槽。

商人依照伯乐的建议做了。从此，难题解决了，商人的生意也越来越红火。

你又可曾听说过佛祖派工的故事?

相传很久以前，弥勒佛和韦陀并不在同一个庙里，而是分管不同的庙。

弥勒佛热情快乐，所以来的人非常多，但他丢三落四，不能好好地管理账务，每每入不敷出。而韦陀则很会管账，但他太过严肃，成天阴着脸，致使参拜的人越来越少，最后香火断绝。

佛祖在查看香火时发现了这个问题，于是就将他们俩放在同一个庙里，让弥勒佛负责公关，笑迎八方客，让韦陀负责财务，严格把关。在两人的分工合作下，庙里香火旺盛，呈现出一派欣欣向荣的景象。

伯乐分槽喂马和佛祖合庙派工说的都是一个问题，就是如何把最合适的人放到最合适的岗位上去。而这是一个曾经长期困扰中国企业的难题，特别在同时有两个候选人的情况下。

法国著名企业家皮尔·卡丹曾经说：“用人上一加一不等于二，搞不好等于零。”能者要想才尽其用，不但要分而并之，还必须善用之。因为不同的贤能，各有其能，有的适合彼工作，有的适合此工作，把各种能力放在适合它们的土壤里才能生存成长。养可分，用必合，方能各自协调，发挥合力。

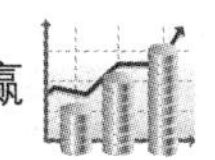

如果在用人中组合失当，常失整体优势；只有安排得宜，才成最佳配置。在这方面，联想老帅柳传志以其洞明世事的眼光，成功地用“分槽喂马”的策略，不仅化解了这个难题，而且将企业的发展推向一个新的高度。

2001年3月，联想集团宣布“联想电脑”“神州数码”分拆进入资本市场。分拆之后，联想电脑由杨元庆接过帅旗，继承自有品牌，主攻PC、硬件生产销售；神州数码则由郭为领军，另创品牌，主营系统集成，代理产品分销、网络产品制造。至此，联想接班人问题完美解决，深孚众望的“双少帅”一个握有联想现在，一个开创联想未来。

李嘉诚敲定家业接班人，也同样是这一策略的成功运用。他立性格沉稳、作风踏实的长子李泽矩为长江实业集团新掌门人，让崇尚自由创新、同时喜欢表现的次子李泽楷另创TOM.COM 事业。从此两兄弟各自开拓了自己辉煌的事业。

但是在实行“分槽喂马”的过程中，还有一个如何进行搭配，使每位人才相得益彰而不是相互妨碍的问题。这就需要管理者对你的“千里马”有深刻的洞察力，最好使他们彼此所负责的事务具有互补性。

企业的用人之道

企业用人的四个误区

只用“名企”出来的人

相当一部分企业在用人时，只相信名企出来的人是好的。也不认真考察一下“名企”出来的人所拥有的业绩是在什么样的企业发展阶段、什么样的企业现状内取得的。

片面强调经验

从高校毕业的人才普遍与实践有相当大的距离，学过了不等于会用，会用也不等于能用好。

过分看重学历和文凭

经验固然重要，但不同企业的管理模式、发展战略等方面有各自的特点。因此，此企业的经验并不等于彼企业的经验。

对“用人不疑，疑人不用”的片面理解

有很多老板认为，用人不疑就是要绝对相信所用之人的才华，充分授权，自己就什么都不用管了。这是错误观点，结果只能是缺少必要的“疑”，即考察、监督。

企业用人原则

在企业所有资源中，人是唯一能增长和发展的资源，所以，怎样使用创造型人才，并激发人的创造力，使“平凡的人”也能干出“不平凡的事”，这就成为选才用人艺术的最重要原则。

领导如何选才用人

合理用人的重要性

只有当人的特点和工作相匹配的时候，才能充分地发挥人的能力以及潜能，才能真正做到人尽其才。公司应根据每个员工的不同特点，加以重用，这是人力资源管理的上上之策。

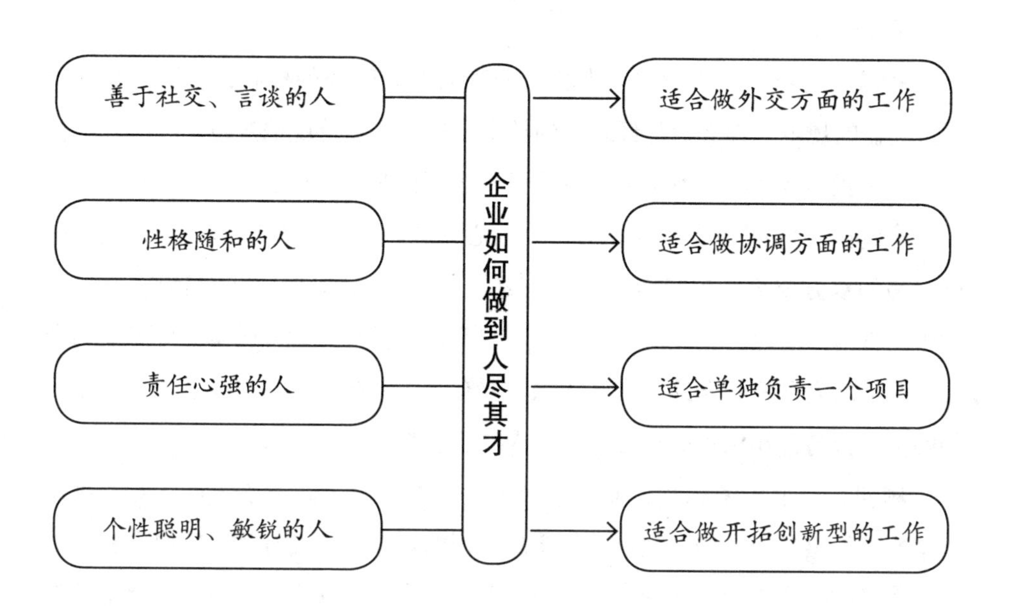

8 老板与经理的良性互动

在企业领域，老板自然希望少出钱，少操心，多多拿利润，而职业经理人则希望多拿年薪少干活。老板与经理人之间是一个博弈关系，那么两者如何博弈?

如何建立一个良好的老板与经理人合作机制对于企业来讲是必要的。

在一般情况下，在研究老板与经理人合作机制时，理论上比较偏重于关注如何保护老板的利益，但如果从我国的现实来看，就存在着经理人利益得不到保证的情况。对于一个市场经济发展初期的国家来说，相对于老板，经理人是弱势群体。由于这个群体还没有形成统一的社会机制，所以其集团利益是无法得到保证的。

由于市场机制是一种均衡机制，所以只有双方的利益达到均衡点，才能实现交易。因此，在一个经理人处于弱势的市场环境中，合作机制的取向应当偏重于经理人。

从以上的结论可以看出，老板与经理人博弈问题的核心，实际上是一种经济利益的规范，即老板与经理人的权责分担和利益分配的规范。

在老板与经理人的利益分配规范下，主要面临三个问题。

合约的规则问题是面临的第一个核心问题。由于交易容易产生纠纷，所以交易的双方要事先签订合约。合约是交易的法律基础。合约是对将来可能发生的事情的规定，它无法防止意外。因此在老板与经理人的交易中既要有合约，又不能完全依赖合约。交易的双方要有合作精神。但是在现实中，由于合约的不完善与合作精神的缺乏，经理人往往会吃亏。

例如，一个大型私营企业的老板，他和总经理之间有了矛盾，对经理产生了不信任感。而合约中规定的是将总经理的业绩与收益挂钩，于是老板采取明升暗降的办法想使总经理达不到业绩而无法拿到报酬。总经理一怒之下愤然辞职并带走了企业的关键岗位的员工。又如，另一个企业登广告以年薪100万

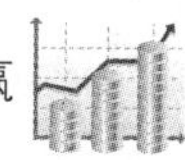

元聘请一个经理，但是试用期一满，就立即辞退了他。由此得出，经理人在签订合约时，不仅要规定合约的结果，还要规定执行的过程。只有通过合约建立一个公平、合理的机制，最终才会达到所要求的目的。

企业核心资源的垄断性与替代性是第二个核心问题。企业发展的关键是企业的核心资源，谁掌握了它，谁就把握了企业发展的命脉。经理人的普遍想法是努力做大自己的一块，使自己所掌握的部门成为企业的核心资源。这样就具有与老板谈判的能力，从而获得企业决策权。所以营销经理成为总经理以后，往往会加大对营销部门的投入，而研发部门的经理上台后，也会加强对研发部门的投入。老板要想消除经理人对企业核心资源的垄断，就必须寻找一个替代品。比如说在每个关键部门安插几个副手，以便降低经理人讨价还价的能力。

短期与长期的问题是第三个核心问题。对于一个注重长期行为的企业来说，股权的激励是不重要的，更重要的是以人际关系为代表的非正式制度规则对个人所带来的意义。例如，日本的企业一般是不流动的，经理人轻易不会退出，因为成本是很高的。一个经理离职后，不可能很快就去另一个公司做经理。而且经理与工人之间的工资比是很低的。之所以有这种情况出现，是因为日本人有高额的退休金，这样，职工的短期行为就不容易发生。因为长期行为的收益是很大的，足以制约短期行为。而与此相反的是，在一个注重短期行为的企业中，更重视正式的契约，而较少注重非正式的规则。所以美国企业中，经理人频繁地跳槽不但不会降低他们的身价，反而会被视为具有丰富经验的表现。

从以上两种企业的对比来看，短期博弈的关键是合约，而长期博弈的关键是非合约的非正式制度规则。

老板与经理人的博弈之术

老板即工商业主，希望少出钱，少操心，多拿利润。

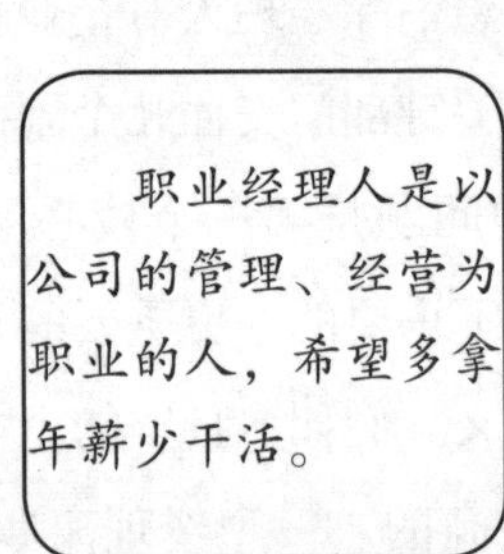

老板与职业经理人的区别

风险意识不同

职业经理人是回避风险，尽量以低代价达到目标。

老板是要挑战风险，总想万一做成了，收益多大呀。

对忠诚度的理解不同

职业经理人是对自己的专业忠诚，其次才是对老板忠诚。

老板认为，职业经理人既然拿了薪水，首先就要对企业忠诚。

如何规避合作中的问题

利益分配时存在的问题

合同的不完善与合作精神的缺乏。

企业核心资源的垄断性与替代性问题。

短期与长期的问题。

老板与职业经理人分工协作的八种理念

老板	职业经理人
侧重于外部资源的获取。	致力于内部资源的整合。
侧重于对外关系的协调。	致力于内部人情的调整。
侧重于个人魅力统率三军。	致力于严刑峻法制衡员工。
侧重于人才的发现与培养。	致力于制度的建设与执行。
侧重于凭感性捕捉发展机会。	致力于理性大胆参谋论证。
侧重于果断决策指明战略方向。	致力于管理到位执行不偏不倚。
侧重于大原则、大局了然在胸。	致力于斟酌细节丝毫不放松。
侧重于鼓励创新。	致力于减少风险。

 企业与员工的共赢之道

现今，许多员工对企业的“人身依附”心理已经大大减弱。在联想公司，许多员工喊出的“公司不是我的家”，其实已经深入人心，为广大的打工族所普遍接受。付出就要求回报，并不过分。而从公司的角度出发，付出薪酬的前提，是要求员工为公司做出相应的贡献。在公司和员工既“相互依赖”、又“相互争斗”的博弈中，最直接的表现形式就是薪酬。

其实，薪酬是员工与企业之间博弈的对象，这一博弈的过程与“囚徒困境”很相似。由于员工和企业很难有真正的相互认同，双方始终在考察对方而后决定自己的行为。员工考虑：拿这样的薪酬，是否值得付出额外的努力？企业又不是自己的，老板会了解、认同自己的努力吗？公司会用回报来承认自己的努力付出吗？公司方面考虑：员工的能力，是否能胜任现在的工作？给员工的薪酬待遇，是否物有所值？员工是否对公司保持持续的忠诚？

有一个这样的管理故事：一个企业经营者某次跟朋友闲聊时抱怨说：“我的秘书小钟来2个月了，什么活都不干，还整天跟我抱怨工资太低，吵着要走，烦死人了。我得给她点颜色瞧瞧。”朋友说：“那就如她所愿——炒了她呗！”企业经营者说：“好，那我明天就让她走。”“不！”朋友说，“那太便宜她了，应该明天就给她涨工资，翻倍，过1个月之后再炒了她。”企业经营者问：“既然要她走，为什么还要多给她1个月的薪水，而且是双倍的薪水？”朋友解释说：“如果现在让她走，她只不过是失去了一份普通的工作，她马上可以在就业市场上再找一份同样薪水的工作。1个月之后让她走，她丢掉的可是一份她这辈子也找不到的高薪工作。你不是想报复她吗？那就先给她加薪吧。”

1个月之后，该企业经营者开始欣赏小钟的工作，因为她的工作态度和工作效果和1个月之前已是天壤之别。这个经营者并没有像当初说的那样炒掉她，而是重用了她。

从这个企业经营者角度看，他可以说是运用博弈的理论，通过增加薪酬使员工发挥出实力。如果当初他就把小钟炒掉，这势必给双方都带来一定的不利，而经过这样的博弈，双方实现了共赢。

但如果从公司的管理角度看，这个故事说明了一个现象：许多员工在工作中，经常不断地衡量自己的得失，如果认为企业能够提供满足或超过他个人付出的收益，他才会安心、努力地工作，充分发挥个人的主观能动性，把自己当作企业的主人。但是，很难判断、衡量一个人是否有能力完成工作，是否能够在得到高薪酬后，实现老板期待的工作成绩。老板经常会面临决策的风险。

由于员工和企业都无法完全地信任对方，因此就出现了“囚徒困境”一样的博弈过程。企业只有制定一个合理、完善、相对科学的管理机制，使员工能够获取应得报酬，或让员工相信他能够获得应得报酬，员工就能心甘情愿地努力工作，从而实现企业和员工的双赢结局。

企业与员工的共赢之道——企业篇

核心员工是企业发展的支柱和中坚力量，因此在薪酬待遇上，核心员工与一般员工应区别开来，让核心员工从物质上、心理上得到宽慰，进而以更出色的表现来回报企业，为企业作出卓越贡献。

核心员工确定标准

责任标准

该员工虽然不是企业的中高层领导，但他代表着一个团队对部门、对企业的责任。

业绩标准

该员工处于部门的关键岗位，个人能力突出。同时近3年的绩效考核结果均为优秀。

成长潜力

该员工具有本科以上学历，年龄在40岁以下，人际关系良好，可以列入后备干部队伍。

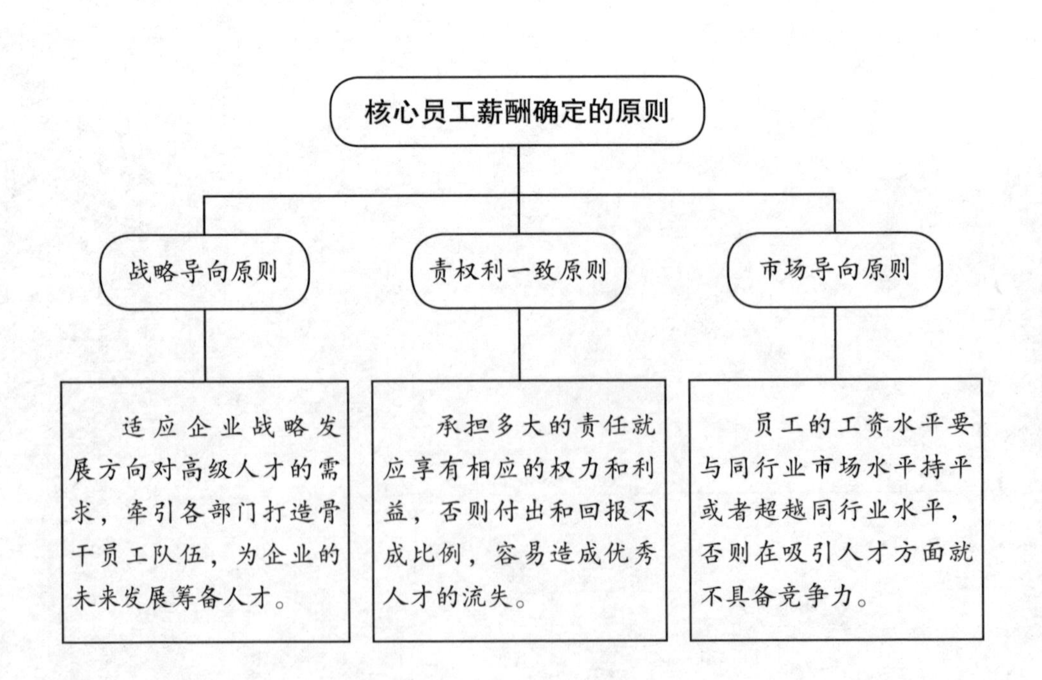

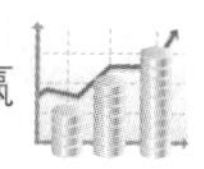

企业与员工的共赢之道——员工篇

如果你觉得自己的能力、业绩足以超过别人……总之你有把握让老板知道你值得加薪，那么你就不妨大胆地把你的要求提出来。

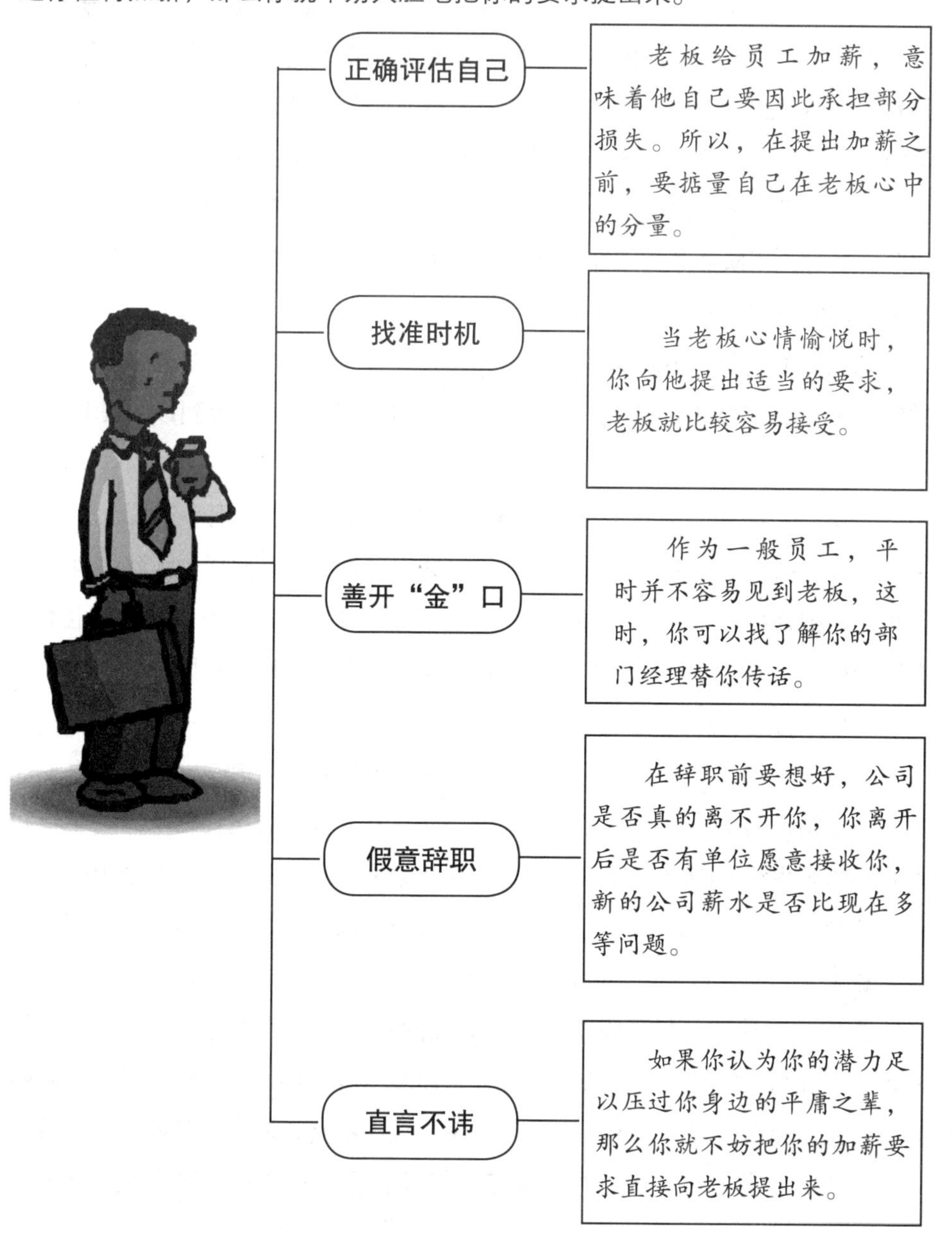

10 这样考核最公正

细心的人不难发现，在一个团队中，有的人能力突出而且工作积极努力；相反，有的人工作消极不尽心尽力，或者因能力差即使尽力了也未能把工作效率提高，这在无形中便建立起了“智猪博弈”的模型：一方面大猪在为团队的总体绩效也包括自己的个体利益来回奔波拼命工作；另一方面小猪守株待兔、坐享其成。长此以往，大猪的积极性必定会慢慢减弱，逐渐被同化成“小猪”，届时，团队业务处于瘫痪状态，受害的不仅是其单个团队，而且会伤及整个公司的总体利益。

那么，如何使用好绩效考核这把钥匙，恰当地避免考核误区，既能做到按绩效分配，又能做到奖罚分明？从“智猪博弈”中可以得到以下几种改善方案。

方案一：减量。仅投原来的一半分量的食物，就会出现小猪、大猪都不去踩踏板的结果。因为小猪去踩，大猪将会把食物吃完；同样，大猪去踩，小猪也将会把食物吃完。谁去踩踏板，就意味着替对方贡献食物，所以谁也不会有踩踏板的动力。其效果就相当于对整个团队不采取任何考核措施，因此，团队成员也不会有工作的动力。

方案二：增量。投比原来多1倍的食物，就会出现小猪、大猪谁想吃，谁就会去踩踏板的结果。因为无论哪一方去踩，对方都不会把食物吃完。小猪和大猪相当于生活在物质相对丰富的高福利社会里，所以竞争意识不会很强。就像在营销团队建设中，每个人无论工作努力与否都有很好的报酬，大家都没有竞争意识了，而且这个规则的成本相当高，因此也不会有一个好效果。

方案三：移位。如果投食口移到踏板附近，那么就会有小猪和大猪都拼命地抢着踩踏板的结果。等待者不得食，而多劳者多得。每次踩踏板的收获刚好消费完。相对来说，这是一个最佳方案，成本不高，但能得到最大的收益。

当然，这种考核方法也存在缺陷，但没有哪一种考核方法能真正让人人

都觉得公平。

绩效考核，实际上是对员工考核时期内工作内容及绩效的衡量与测度，即博弈方为参与考核的决策方；博弈对象为员工的工作绩效；博弈方收益为考核结果的实施效果，如薪酬调整、培训调整等。

由于考核方与被考核方都希望自己的决策收益最大化，因此双方最终选择合作决策。对于每个企业来说，这将有利于员工、主管及公司的发展。

总而言之，在公司内部应形成合理的工作及权力分工。一方面可以通过降低主管的绩效考核压力，使部门主管有更多精力投入到部门日常管理及专业发展；另一方面通过员工能对自己的工作绩效考核拥有一定的权力，从而调动其工作积极性，协调劳资关系，如此才能最大限度地改进公司人力资源管理状况及企业文化建设。

考核与被考核存在着一种博弈关系，无论对于哪一方来说，建立一个合理的、公平的考核制度都是非常重要的，尤其是分工制度，可以避免出现评估中的“智猪模型”，提高员工的工作热情，把企业做大、做强。

绩效考核的误差

考核误差	误差内容	解决方案
考评指标理解误差	由于考评人对考评指标理解的差异而造成的误差。	量化考评内容；同一名考评人进行考评，使考评结果具有可比性；避免对不同职务的员工考评结果进行比较。
光环效应误差	当一个人在一方面有优点的时候，人们会误以为他在其他方面也有同样的优点。	考评人应同时考评所有被考评人的同一项内容，而不要以个人为单位进行考评。
趋中误差	考评人倾向于将被考评人的考评结果放置在中间的位置，会产生趋中误差。	在考评前，对考评人员进行必要的绩效考评培训，消除考评人的后顾之忧。
近期误差	由于人们对最近发生的事情记忆深刻，而对以前发生的事情印象浅显，所以容易产生近期误差。	考评人每月进行一次当月考评，在每季度进行正式的考评时，参考月度考评记录来得出正确考评结果。
个人偏见误差	考评人喜欢或不喜欢被考评人，都会对被考评人的考评结果产生影响。	采取小组评价或员工互评的方法可以有效地防止个人偏见误差。
压力误差	当考评人了解到本次考评的结果对被考评人有重大影响，或者惧怕在考评沟通时受到被考评人的责难时，考评人可能会作出偏高的考评。	解决压力误差，一方面要注意对考评结果的用途进行保密，另一方面在考评培训时让考评人掌握考评沟通的技巧。如果考评人不适合进行考评沟通，可以让人力资源部门代为进行。
完美主义误差	考评人可能是一位完美主义者，他往往放大被考评人的缺点，从而对被考评人进行了较低的评价，造成了完美主义误差。	解决该误差，首先要向考评人讲明考评的原则和方法，另外可以增加员工自评，与考评人考评进行比较。如果差异过大，应该对该项考评进行认真分析，看是否出现了完美主义错误。
自我比较误差	考评人不自觉地将被考评人与自己进行比较，以自己作为衡量被考评人的标准，这样就会产生自我比较误差。	解决办法是将考核内容和考核标准细化和明确，并要求考评人严格按照考评要求进行考评。
盲点误差	考评人由于自己有某种缺点，而无法看出被考评人也有同样的缺点，这就造成了盲点误差。	盲点误差的解决方法和自我比较误差的解决方法相同。

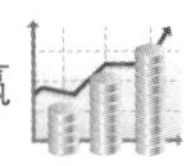

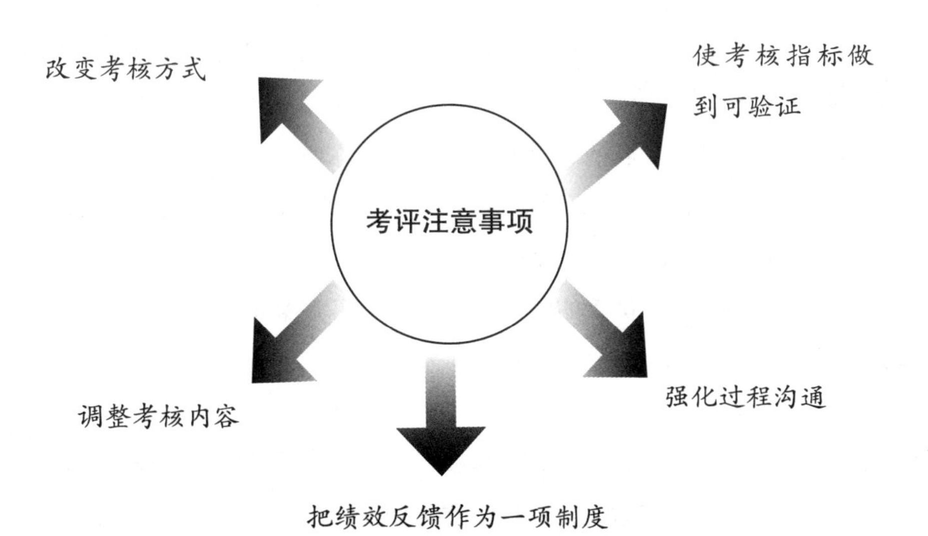

绩效考核中需要注意的问题

绩效考核中没有绝对的公平，因为这是与人关系最为紧密的工作，绩效考核的结果会影响到员工的工资、奖金、晋升和培训机会。这其中，最重要的是，它往往与员工的钱袋子紧密联系，既然人为因素的影响不可避免，那么企业所要做的工作就是想办法使它的影响程度尽量地降低。

11 激励背后的信用博弈

口头奖励、红包、温情对待、表示尊重……无论多么经典的激励手段，结果都是第一次比较有用，再而衰，三而竭。为什么呢？

这是因为，激励背后的思维方式是“我要你做”，而不是员工“我自己要做”。所以，员工视你的激励措施为他痛苦选择的补偿，认为你给的激励是应该的，甚至还不能满足他们的期望。

其实，好的企业与员工的关系应该是：员工在给企业打工，同时是在做他们自己觉得利益回报划算的生意。

如果员工觉得激励手段是个“惊喜”，他会很开心，然后就会认为下次应该有更多、更大的惊喜，否则就会失望。因为是交易行为而且是持续进行的交易行为，老板不要指望员工会对你一次提出的交易条件可以满意多次。单次交易，完成就行；持续交易，就要有持续交易的规则和条件。我们要不要用人不疑，疑人不用？说起来这是个相当经典的命题，民营企业老板和经理人之间经常暴发的矛盾当中，就是这句话在作怪。

疑和用的问题是关于信任和授权。无条件的、完全的信任，就要疑人不用，用人不疑。那么，为什么我们要如此信任别人呢？其实，这条企业管理规则产生于没有电话、网络的时代，那时将军带兵出征，或者镇守边陲，要和皇上沟通一次，可能要十天半个月，皇上没办法对将军进行实时指挥，所以，将在外，君命有所不受——因为皇上不了解现场的情况。

在信息难以及时传递的情形下，用人没办法疑，疑人也绝对不能用，人际关系必须是基于个人信任的支配型。

现在呢？即便是地球两端，也可以随时通过显示屏面对面地通话，此种情况下，授权和信任还那么困难吗？

所以，“用人不疑、疑人不用”这句话，可以停止使用了。用人是为了让他劳动，他为你工作也是为了自己的利益，只要有完善的激励机制，员工自然不会背叛你。

用人的“疑”与“不疑”

疑人不用，用人不疑

这里所说的不疑，并不等于完全信任，而是在某个范围内、某种程度上的信任。根据每个人的能力和对其信任程度，赋予他同等的权利、责任和义务，那就没有什么可疑的了。

用人要疑，疑人要用

用人要疑，疑人要用，是我们在用人理念上的创新，假如再沿用原有的思维去选拔和使用人才，那将会给企业带来很大的风险和危机。正如我们对新产品的选项，即使事前遴选的成本大一些，我们也要把事后的风险降到最低程度。

现代企业员工能动性关系图

用人是为了让他劳动，他为你工作也是为了自己的利益，只要有完善的激励机制，员工自然不会背叛你。

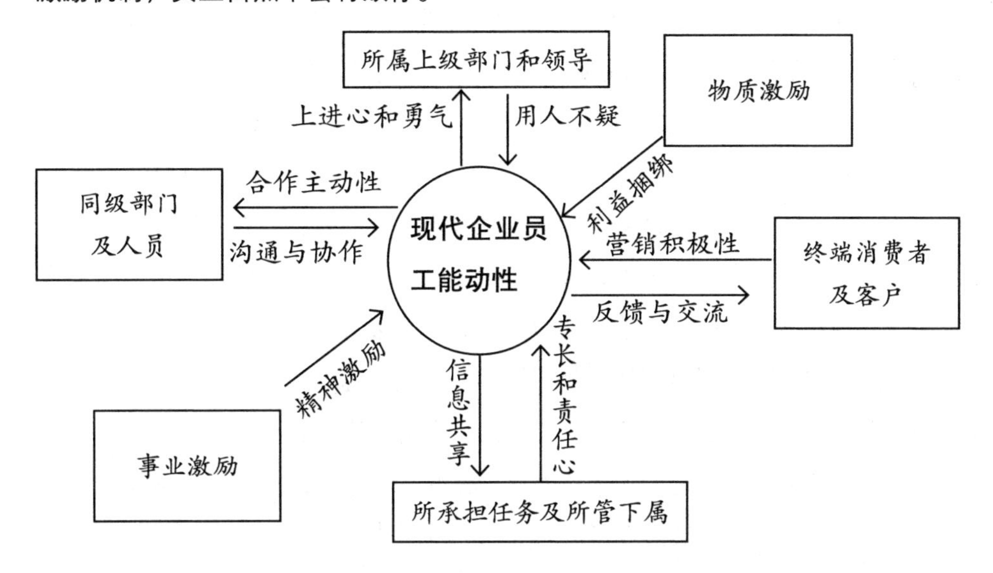

12 “我要加薪”VS“我该加薪”

如果你即将踏入职场，或者你已是一位职场人士，那么你与招聘单位或老板之间所进行的最为惊心动魄的讨价还价博弈，一定是围绕薪水进行的。一方要让收入更适合自己的付出，而另一方则要让支出更适合自己的盈利目标。

那么，作为在这场讨价还价中明显处于弱势的你，该如何让招聘单位或现任老板给出你满意的薪水呢？

一家家具公司招聘一名市场策划，前来应聘的人很多，在经过了面试之后，考官都要问求职者一句：“你希望的薪金是多少？”很多求职者都用不同的数据回答了面试者的这个问题。只有小王回答道：“我期望一个比较合理的薪金待遇，就学历而言，我是统招本科，高于您要求的大专学历；就专业而言，我是市场营销专业，与您的需求相当对口；就成绩而言，我在班级能排到前五名，专业知识很扎实；就能力而言，我在大学时是优秀学生干部，组织能力和领导能力都还不错。我如果加入贵公司，一定会给您带来不错的效益，而我个人也期望得到相应的回报。因此，我希望得到一个不低于该职位现有员工标准的待遇。不知道我的请求是否过分？”考官听到此话，笑着说：“不过分，不过分，既然是人才，我们就应该适当提高待遇。你的要求我们可以满足。”

从上例中，我们可以看出，在与招聘单位进行关于薪水的讨价还价博弈时，最好慎重回答，因为这表明考官已经有意招你加盟，稍有不慎就可能前功尽弃。面对这个问题，小王不露声色地把话题由薪金的多少转到展示他的实力上——展示自己的学历、专业、能力等优势，让考官觉得值得为他付出比较高的薪金。这样的回答很自然地回避了敏感的问题，使自己从被动的位置转移到主动的有利位置。最后，小王提出一个比较含蓄又比较合理的薪金要求，即不比现有员工低。小王一进公司就达到这个标准，自然已经是高于其他新人，这样的待遇对于初入公司的求职者来说，已经很不错了。

如何主动向老板提加薪水

拿出勇气和自信是最重要的

作为员工，如果想要老板给你加薪，就必须主动提出来。你不提，不管用什么博弈招数都没用。

在与老板进行加薪的讨价还价博弈时除了把加工资的理由一条一条摆出来，还要详细说明你为公司作了什么贡献而应该提高报酬。

在确定自己提出的加薪数额时要注意,你提出的数额，要超过你自己觉得应该得到的数额,这样做会促使老板重新考虑你的价值，对你的工作和贡献作更公正的评价。即便你得不到要求的数额，老板也可能对你更好。

总之，在对抗条件下的讨价还价博弈中，双方可以通过彼此提出的要求和理由，找到都能够接受的解决方案，而不至于因为各自追求自我利益而僵持不下，甚至两败俱伤。

第八章 爱情篇

——不要空耗自己的爱

>>> 不登对的爱情

>>> 爱在心中口要开

>>> 纯粹的爱情，会让人两手空空

>>> 付出不一定会有回报

>>> 婚姻是不可预期的

>>> 婚恋中的楚汉之争

>>> 小乔的幸福双赢选择

>>> 绝色“剩女”的烦恼

>>> 有没有一种智慧可以让恋爱不分手

1 不登对的爱情

在爱情里，男人总想找到属于自己的白雪公主，那个女孩一定要漂亮，而且要深爱着他。同样，女人也总想找到自己的白马王子，那个男孩一定要英俊潇洒，还要有绅士风度。可在现实的爱情里，我们都在感慨，为什么好男人总是少之又少？为什么好女人却总嫁不掉？为什么第三者的条件往往不够优秀，却敢叫嚣？为什么一个好男人加一个好女人，却不能等于百年好合？

这些看起来无从回答的爱情难题，在博弈论里即可找到答案。爱情博弈论，就是研究日常生活中，男男女女如何找到能使自己幸福的另一半。一个好男人，身边定然少不了追逐他的女人，但即便是位列一等的好男人，也会留下机会给那些优秀的女人。

在爱情中，男人总是很容易背叛，因为男人是靠事业的，女人是靠美貌的。打动维多利亚的正是贝克汉姆的辉煌事业，而贝克汉姆恰恰是看上了维多利亚的美貌。在爱情博弈里，男人与女人的期望是不同的。根据不同的期望自然要选择不同的策略。

在生活里，往往有这样的现象：一个女人，她很优秀，拥有所谓的三高（学历高、职位高、收入高），或者3D〔divine（非凡的），delicate（精致的），delectable（令人愉快的）〕，在他人眼里很完美。但就是在爱情上不如意：年龄不小了，还没有出嫁，或者失败过一次，就很难再重新开始。

只具有生物学本质（外表）优秀的男人很自卑，只具有社会学本质优秀的男士往往也对自己的生物学本质自卑，所以，往往很难碰到和自己期望相符的。很多人之所以保持单身就是觉得单身状态效益最大，既可以享受不结婚的自由，又可以凭借自己的优势不断地享受爱情的感觉。

总之，在每个人的爱情博弈中，一定要从自身实际出发，尽可能掌握对方更多的信息。在此基础上，才可能找到属于自己的幸福。

爱情博弈论

在爱情里，男人总想找到属于自己的白雪公主，那个女孩一定要漂亮，而且要深爱着他。同样，女人也总想找到自己的白马王子，那个男孩一定要英俊潇洒，还要有绅士风度。

女人渴望找到白马王子

男人渴望找到白雪公主

2 爱在心中口要开

爱情里的规则是先动一方占据主动优势。不管女方貌若天仙，还是男方英俊潇洒，身陷爱情博弈中的人，不要因此而自惭形秽。只要把握主动权，率先表达出自己的爱意，就很可能获得对方的青睐。

有一个男孩非常喜欢一个女孩，但是他把感情藏在心里，不敢说出口。后来另一个男孩先说了，结果女孩就和那个先表达爱意的男孩谈恋爱了。不敢说出口的男孩后悔不已，因为他没有遵循爱情里的规则，要采取先动策略。

如果一个人看《诺丁山》到三分之二时还没有热泪盈眶，那他一定还没有真正渴望过爱情。

大牌影星安娜·斯科特走进伦敦诺丁山的一家小书店，一杯橙汁使离婚后爱情生活一直空白的威廉·塞克意外地得到了安娜的吻，两人相爱了。

然而威廉·塞克是一个羞涩的男人，或者说是一个不会主动的男人，所以只能安娜主动。第一次去他家里，出门后又回来，在车站再次邂逅，她邀请他去自己家里。之后为躲避记者跟踪，她到他家里过夜，也是她主动走到他的床边。但后来因为前男友的介入，她和他有了误会。最终，也是她主动上门要求重修旧好……

那个憨厚纯良的男人，或许觉得这种幸福是不真实的，就那么一次次缺乏着爱的勇气，就那么一次次躲避着爱情的大驾光临。

所以，那些禁不住热泪盈眶的观众，一定是理解了女主角心里的温柔和焦急：主动、我得主动，否则我的爱情就要不翼而飞了。

或许我们在生活里也有这样的经历，“思君子兮未敢言”，“心念君兮君不知”，仿佛谁都能看出自己的心意，除了心爱的那个人。害羞的人只敢傻傻地在一旁观望自己的爱情，像局外人一样不敢介入。

在经济学上有一个先动优势，指在一个博弈行为中，先行动者往往比后行动者占有优势，从而获得更多的收益。也就是说，第一个到达海边的人可以得到牡蛎，而第二个人得到的只是贝壳。或许我们可以把它理解为先下手为

强。比如，第一个说“我爱你”的人，总是比之后的其他追求者更让我们印象深刻，哪怕那时候只是和他在大学校园里拉了拉手、散了散步，到很老的时候，我们也不会忘记他（她）。

但是在爱情中，先动优势往往会形成惯性。一个人你主动了第一次，以后就得永远主动下去，他（她）爱的那个人仿佛已经习惯了什么事情都由他（她）发起。这或许是个性使然，也或许是习惯使然。

共鸣和分享式的爱情才会有持久的生命力。当一个人在一场恋爱当中，发现对方只是一个道具，这个爱情故事基本上是他一个人在唱独角戏，将是多么遗憾的事情。

所以，在爱情里，要耍一点小伎俩，先主动，占有了优势后，不妨把脚步放慢，让对方跟上来。两个人步调一致了，爱情才能经营得好。《诺丁山》的结局，威廉·塞克鼓起勇气，直闯记者会，关键时刻向心上人表达了自己的心声，赢得美人归，这就是进步。

在爱情博弈中，先表白，采取主动是追求恋人最好的策略。

爱情里的先动策略

如何跨出第一步

第一个对你说“我爱你”的人，总是比之后的其他追求者更让你印象深刻。

先动优势：在博弈中，第一个采取行动的局中人所拥有的优势。

有些恋情错过了，就没有了。要懂得把握机会，把握幸福。

无论男、女，都要自信，敢于迈出走向幸福的第一步。

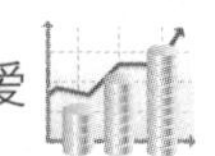

如何迈出恋爱的第一步

男生表白技巧：

（1）要坚定自己的感情。

（2）要有一定的技巧，要了解女孩的心理，说话轻重适当。

女生表白技巧：一般的男生都喜欢矜持的女生，表白前要考虑清楚。

（1）要了解他的喜好，想办法知道他是怎么看你的。

（2）选择适当的方式方法接近他，想办法和他说话，制造机会。

（3）对他好，让他觉得你对他好。

3 纯粹的爱情，会让人两手空空

俗话说得好：“男怕入错行，女怕嫁错郎。”因此，女性朋友在择偶时必须慎之又慎，那么如何用博弈论来指导自己的择夫行为呢？

西方的择偶观里有著名的麦穗理论，这一理论来源于这样一个故事。

伟大的思想家、哲学家柏拉图问老师苏格拉底什么是爱情。老师就让他先到麦田里去摘一棵全麦田里最大最金黄的麦穗来，只能摘一次，并且只可向前走，不能回头。

柏拉图于是按照老师说的去做了，结果他两手空空地走出了麦田。老师问他为什么没摘，他说：“因为只能摘一次，又不能走回头路，其间即使见到最大最金黄的，因为不知前面是否有更好的，所以没有摘。走到前面时，又发觉总不及之前见到的好，原来最大最金黄的麦穗早已错过了，于是我什么也没摘。”

老师说：“这就是爱情。”

之后又有一天，柏拉图问他的老师什么是婚姻。他的老师就叫他先到树林里，砍下一棵全树林里最大最茂盛的树，其间同样只能砍一次，以及同样只可以向前走，不能回头。

柏拉图于是照着老师说的话做。这次，他带了一棵普普通通，不是很茂盛，亦不算太差的树回来。老师问他：“怎么带这棵普普通通的树回来？”他说：“有了上一次的经验，当我走了大半路程还两手空空时，看到这棵树也不太差，便砍下来，免得最后又什么也带不回来了。”

老师说：“这就是婚姻。”

可见，完美的爱情和婚姻是很难得到的，大多数人只是凑合状态。真正合适的概率是很小的。

不妨假设有20个合适的单身男子都有意追求某个女孩，这个女孩的任务就是从他们当中挑选最好的一位作为结婚对象，决定跟谁结婚。从这20个里面

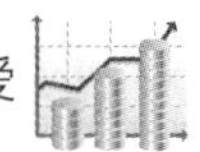

选出最好的一个并非易事，该怎么做才能争取到这个结果呢?

首先，要考虑的是约会时对对方真实性格、人品的判断。在约会时，男女双方一开始都是展示自己的优点，掩盖自己的不足。当然，他们都想了解对方的一切，不管是优点还是缺点。

同时，应当意识到，约会对象同样会对我们的行为挑剔一番。因此，我们得采取能真正代表我们具有高素质的行为，而不是谁都学得来的那些行为。

其次，要考虑的是选择什么样的方法来筛选出比较合适的异性。很明显，最好的方法是和这20个人都接触一遍，了解每个人的情况，经过筛选，找出那个最适合的人。然而在现实生活中，一个人的精力是有限的，不可能花大把的时间去和每个人都交往。不妨假定更加严格的条件：每个人只能约会一次，而且只能一次性选择放弃或接受，一旦选中结婚对象，就没有机会再约会别人。那么最好的选择方法存不存在呢？事实上是存在的。

不如我们来模拟一下。显然，我们不应该选择第一个遇到的人，因为他是最适合者的概率只有1／20。这个概率可以说是非常的渺茫，直接把筹码放在第一个人身上，也是最糟的赌注。同样的，后面的人情况都相同，每个人都只有1／20的概率可能是20个人当中的最适合者。

可以将所有的追求者分成组（比如分成5组，每组4人）。首先从第一组开始选择，与第一组中每一个男性都约会，但并不选择第一组中的男性，即使他再优秀、再完美都要选择放弃，因为最合适的对象在第一组中存在的概率不过1／5。

如果以后遇到比这组人更好的对象，就嫁给这个人。当然这种方法像麦穗理论一样，并不能保证选出的是最大最金黄的麦穗，但却能选出比较大比较金黄的麦穗。无论是选择爱情、事业、婚姻、朋友，最优结果只可能在理论上存在。不把追求最佳人选作为最大目标，而是设法避免挑到最差的人选。这种规避风险的观念，对我们做人生选择非常有用。

麦穗理论

苏格拉底让他的学生柏拉图去麦田中找一棵最大的麦穗，只能摘一次，但不能走回头路。柏拉图进了麦田，不知道前方是否有更好的，走到前方时，却发现早已错过最好的了，于是，两手空空而归。

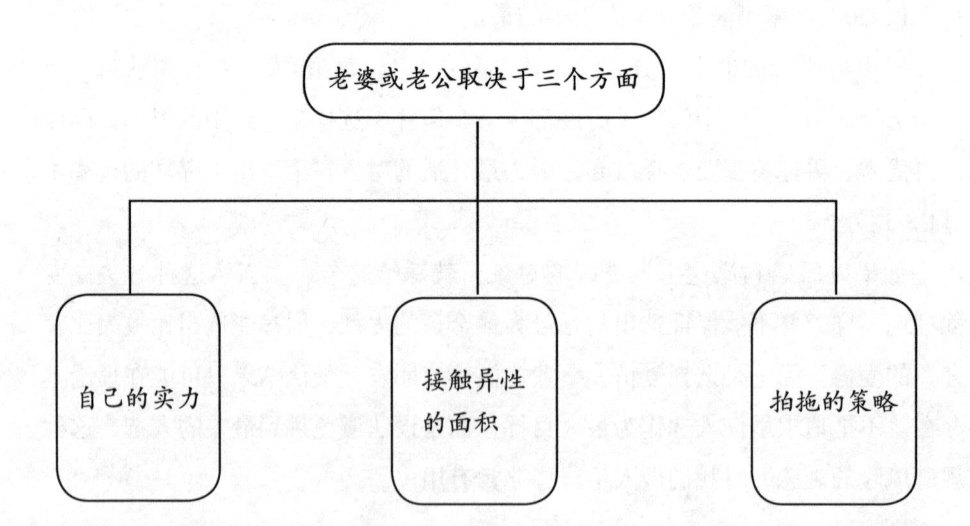

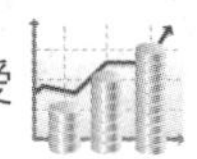

爱情里的麦穗理论

如何找到对的那个人
好女孩都哪里去了？
现在到哪里找合适的男生呢？
运用麦穗理论解决择偶问题
最小麦穗排除规则
选择老婆或者老公的时候有个规则，就是那些你最不能接受的条件，必须一票否决。
有限麦田规则
人的恋爱期也是有限的，在有限的时间里面，尽可能地寻找吧。

4 付出不一定会有回报

在爱情里，我们经常会看到“恐龙”配帅哥，“青蛙”配美女的情况。这是由于逆向选择造成的，是由于信息的不对称造成的。但到底是什么造成了信息不对称呢？这就是在爱情中处于劣势的一方选择了优势策略，从而使自己获得了佳人或帅哥的芳心。

欧·亨利的小说《麦琪的礼物》描述了这样一个爱情故事。

新婚不久的妻子和丈夫很是穷困潦倒。除了妻子那一头美丽的金色长发，丈夫那一只祖传的金怀表，便再也没有什么东西可以让他们引以为傲了。虽然生活很累很苦，他们却彼此相爱至深，关心对方胜过关心自己。为了对方的利益，他们愿意奉献和牺牲自己的一切。

圣诞节就快到了，但两个人都没有钱赠送对方礼物。即使这样，两个人还是决定赠送对方礼物。丈夫卖掉了心爱的怀表，买了一套漂亮的发卡去配妻子那一头金色长发。妻子剪掉心爱的长发拿去卖钱，为丈夫的怀表买了表链和表袋。

最后到了交换礼物的时刻，他们无可奈何地发现，自己如此珍视的东西，对方已作为礼物的代价而出卖了。花了惨痛代价换回的东西，竟成了无用之物。出于无私爱心的利他主义行为，结果却使得双方的利益同时受损。

欧·亨利在小说中写道：“聪明的人，送礼自然也很聪明。大约都是用自己有余的事物，来交换送礼的好处。然而，我讲的这个平平淡淡的故事里，主人公却是笨到极点，为了彼此，白白牺牲了他们最珍贵的财富。”

从这段文字看，欧·亨利似乎并不认为这小两口是理性的。如果我们抛开爱情，假定每个人都有一个专门为别人谋幸福的偏好，这样，个人选择付出还是不付出，只看对方能不能得益，与自己是否受损无关。

以这样的偏好来衡量，最好的结果自然是自己付出而对方不付出，对方收益增大；次好的结果是大家都不付出，对方不得益也不牺牲；再次的结果是

大家都付出，都牺牲；最坏的结果是别人付出而自己不付出，靠牺牲别人来使自己得益。我们不妨用数字来代表个人对这四种结果的评价：第一种结果给3分，第二种结果给2分，第三种结果给1分，最后那种给0分。

不难看出，无论对方选择付出，还是选择不付出，自己的最佳选择都是付出，然而这并不是对大家都有利的选择。事实上，大家都选择不付出，明显优于大家都选择付出的境况。

实际上，这里的例子有一个占优策略均衡。通俗地说，在占优策略均衡中，不论所有其他参与人选择什么策略，一个参与人的占优策略就是他的最优策略。显然，这一策略一定是所有其他参与人选择某一特定策略时该参与人的占优策略。

因此，占优策略均衡一定是纳什均衡。在这个例子中，不剪掉金发对于妻子来说是一个优势策略，也就是说妻子不付出，丈夫不管选择什么策略，妻子所得的结果都好于丈夫。同理，丈夫不卖掉怀表对于丈夫来说也是一个优势策略。

在博弈中，一方采用优势策略在对方采取任何策略时，总能够显示出优势。

爱情中的优势策略

为什么你无法作出最优选择

麦琪的礼物

主人公为了对方，牺牲了自己最珍贵的财富。在理性人眼里，他们得到的是一个双输的结果。

如何才能作出最优决策

在这个例子中，不剪掉金发对于妻子来说是一个优势策略，也就是说，妻子不付出，丈夫不管选择什么策略，妻子所得的结果都好于丈夫。同理，丈夫不卖掉怀表对于丈夫来说也是一个优势策略。

爱情中的占优策略

占优策略与纳什均衡的比较

占优策略：不管你怎么做，我所做的都是我能做得最好的。

纳什均衡：给定你的做法后，我所做的是我能做得最好的。

如果你有占优策略，你可以使用此策略，以不变应万变。

如果你没有占优策略，你必须随机应变。在达到了纳什均衡之后，所有参与者都没有动机想再变了。

占优策略的原则

如果一个博弈参与者拥有一个占优策略，则应该使用。

在纳什均衡时，对于给定其他参与者的行为，每个参与者的行为都应该是最优的。

5 婚姻是不可预期的

爱情和婚姻并不是一回事。爱情往往意味着甜蜜。结婚意味着必须和他或她走完漫漫的人生旅途。在选择之前，我们每个人都对婚姻充满着无限的渴望，选择后也许如我们所愿，也许就此跌入了万丈深渊。人生路漫漫，不可预期的事情太多，而且就人而言，结婚前和结婚后往往也是不一样的。

很早他就认识她，那时，也不能说没有爱情。

他是厂里的车工，她是厂花。那时，喜欢她的男人很多，每天都有人给她打好饭，看着她吃。他不是她的护花使者，不是不想，而是有些自卑。他清贫，也没什么背景。于是，吃中午饭时，他总躲在一个角落里偷偷地看她。其实，她在心里早就喜欢他，只是他不知道。他虽是车工，却很懂文艺，每逢厂里排戏，都是由他编本子。他们有过短暂的合作。在厂庆的晚会彩排上，她演他的本子，他说台词。后来，他们就在一起了。结婚，生孩子，像大多数恋爱的男女一样，有了一个好结果。

故事却没有完。

他们第二个孩子降生时，他对她说，他想去拍电影。

她知道，这些年来，他一直没有断了去拍戏的念头。

考虑再三，她还是冒着风险支持他。

辞掉工作，拿走家里全部的积蓄，甚至借了些钱，他跑到北京，开始另一番创业。先是两年的理论学习，后来开始在剧组里打杂。那些日子，不用说，家里很困难。她一个人撑下来，渐渐地，脸色黄下来，秀美的脸被愁容掩盖。她几乎与外界隔绝，无暇读书、看电视，生活里除了两个急需照看的孩子之外，就是远在他乡，给她帮不上一点忙的他。

他偶尔给她打电话，她总说："电话费好贵的，不如省下来买火车票。"

其实，她是希望见他的。

22年的光阴一晃而过，他们已到中年。

她把孩子带大，用自己的美丽、健康换得孩子的幸福。他呢？拍了好几部电影。他成功了，他拍的片子得到了认可，并且在国外连连获奖。这些，她当然知道。每当朋友看到他拍的电影，而向她祝贺并询问他的情况时，她就会无限骄傲。

只是，他越来越忙。一年中，她偶尔可以见他一两次，每次都只有短短三五天。

相比剧组里年轻的女演员来说，她早成了黄脸婆。

外面的世界充满诱惑，他终于迎向了更蓝更蓝的天空，“挥挥衣袖，不带走一片云彩”。

她流着泪问他：“为什么？”

他说：“因为我们没有相爱的理由。”

世界会变，人也会变。有些从苦日子走过来的夫妻，并不一定能同时面对生活的甘美。婚姻的不确定性很大，婚前的甜言蜜语、海誓山盟并不代表婚后一定是幸福的。所以，很多人都把婚姻比作一场赌博，是输是赢，难以预料。把结婚比作赌博，并不是对婚姻的亵渎，也不是对婚姻的失望，而是对婚姻的一种豁达，一种超然。我们要有一颗平常心，既要懂得珍惜“赢”的幸福，也要承受得住“输”的痛苦。婚姻也是需要经营的，只要我们用心，就能收获甜美的幸福。

婚姻之中的相处智慧

婚姻犹如一杯苦咖啡，喝起来的味道是苦苦的，仔细品品，还透着些许甜。

两个人相处的第一要素，是你们是否真心相爱。

必须想清楚双方对未来的预期。

想达到真正的幸福就要学会忍和抗。

长期婚姻成功的原因

提问	回答
我们有共同的生活目标吗？	结婚生活很长，你们必须有共同的生活目标，才能共同走下去。
和他（她）分享感觉与思想时，觉得安全吗？	确定你要结婚的对象是你在情感上觉得很安全的。你能开诚布公地和他（她）沟通。
他（她）是个值得敬佩、很特别的人吗？	基本上这个世界上有两种人：一种是致力于个人成长的人，另一种则是寻求舒适生活的人。那种将舒适生活列为目标的人，会把个人的享受摆在第一位。在与他（她）走上红地毯以前，你必须要知道这点。
他（她）如何对待其他人？	促进人际关系最重要的是给予的能力。所谓给予，是使他人快乐的能力。如果他（她）对别人不好，对你也不会好的。
婚后是否希望改变他（她）？	有太多人犯了这个错误，就是希望在婚后改变他（她）的配偶。如果你无法完全接受他（她）现在的样子，你就还没有准备好要结婚。

6 婚恋中的楚汉之争

一段爱情、一场婚姻，实质上也是一场游戏、一场竞赛。在这场游戏和竞赛中，男人和女人都想“征服”或“打败”对方。

当一个男人和一个女人产生爱的火花时，男人和女人之间的博弈就开始了。当两人进入热恋状态，男人和女人之间的博弈就是智猪博弈状态。进入热恋状态的两个人，总有一方显得比较主动，他（她）总是会事先为两个人做好一切，而另一方坐享其成。主动的一方总是会想：我会好好爱他（她）的，我要尽可能地为他（她）多做一些事，以表达我的爱。被动的一方则可能会想：她（他）是很爱我的，即使我不做，她（他）也会做好一切的。在热恋状态或婚姻状态的初期，智猪博弈一般不会使两个人发生矛盾，两个人反倒会和睦相处，尽情地享受爱的甜蜜。

夫妻之间的博弈不是一次博弈，而是多次博弈。也正是由于夫妻之间博弈的重复性，所以在博弈过程中只要双方还在理智的情况下，谁也不敢动真格地整治对方，只是吓唬吓唬而已。丈夫打妻子，他不敢真正下狠手，而妻子一般也不敢闹得太过分。因为他们都明白，仅为一时出口气而给对方造成的伤害，到头来还得要自己来承担。也正因为这样，夫妻之间都知道“别看你现在这么凶，其实你并不敢真的把我怎么样”。所以有许多家庭，只要一方挑起事端，另一方就会积极应战，夫妻之间的博弈就时断时续。所谓“争争吵吵，相伴到老”，其实就是对这种博弈情形的形象写照。

当然，也有些夫妻在婚姻的长河中，能够一辈子处于“智猪”状态：这一方面，你做我的大猪；另一方面，我又做你的大猪。两人相互照顾，相互欣赏；有了矛盾，两个人也能做到相互体谅、相互理解，避免“斗鸡”状态发生，因而他们的婚姻和谐美满。

婚姻的“智猪”状态

婚姻的“斗鸡”状态

两人相互照顾，相互欣赏，有了矛盾，两个人也能做到相互体谅、相互理解。

智猪博弈一般不会使两个人发生矛盾，两个人反倒会和睦相处，尽情地享受爱的甜蜜。

整个家庭战火纷纷，硝烟弥漫。

解决方法：双方中的一方，保持冷静，先退一步，才会化干戈为玉帛。

7 小乔的幸福双赢选择

周瑜和小乔是一对热恋中的情侣，两人平时工作很忙，下班回家后都很疲倦，在一起共同休闲的时间并不多。这个周末，两人终于有了空闲，于是两人就合计如何共度这个美好的周末。

周瑜是个体育迷，喜欢看各类球赛，周末正好有一场精彩的足球赛事在当地举行。而小乔是个电视剧迷，这个周末正好有一部她最喜欢看的韩剧。两人是选择一起去看球赛，还是看韩剧呢？

对于热恋中的周瑜和小乔来说，需要找到一个最合适的选择，这里就需要博弈论中的纳什均衡。根据纳什均衡，在周瑜和小乔的博弈中，总会有一个均衡点存在，而使得双方能获得最大程度的幸福感。

根据纳什均衡，情侣间的博弈存在一个相对优势策略的组合。周瑜和小乔可以选择都去看球赛，或者都在家中看韩剧，这就是相对优势策略的组合。一旦选择了这样的组合，博弈的双方都不愿意改变选择，因为改变带来的幸福感没有相对优势策略大。

比如两人一起去看球赛，周瑜能得到100的幸福感，小乔也有40；如果周瑜改变主意单独去看球赛，双方就都只有0；如果小乔不愿意去看球赛，自己留在家里看韩剧，双方的幸福感也都是0。所以，两人一起去看球赛是最佳选择。同样的道理，两人一起在家看韩剧也是最稳定的结局。这种稳定的局面就是纳什均衡。

在周瑜和小乔的博弈中，双方都去看球赛，或者双方都去看韩剧，是这个博弈中的两个纳什均衡。从这点可以看出，纳什均衡实际上是一种僵局：在给定别人不改变策略的情况下，没有人有兴趣单独改变策略，而且，这种单独改变不会给他们带来好处。

对于周瑜和小乔来说，既然存在两个纳什均衡，那么，两人如何安排周末的活动仍是个问题。博弈论虽然可以提供出两个纳什均衡，不过对于选择哪

一种纳什均衡，却没有答案。

在这种情况下，博弈的最终结果会体现出先发优势。虽然双方最终都能得到好处，但是先采取行动的一方会获得更多的好处。比如，在周末来临的前一天，周瑜可以事先告诉小乔："周末有场球赛，我已经买好票了，票很难买，咱们周末一起去看球赛吧？"这样一来，周瑜便有先发优势。小乔即使想看韩剧，也会考虑到周瑜的球票。票已经买好了，对于小乔来说，选择一起看球赛的纳什均衡是最优策略。

在这个博弈中除了采取先发制人外，还可以运用别的策略。如果周瑜能让小乔相信，打死他也不会去看韩剧，那么，小乔为了享受两人时光仍会选择陪周瑜看球。当然，如果小乔也能让周瑜相信，看球只会让她"生不如死"，那周瑜只有陪她看韩剧。

要想在博弈中取胜，在策略的运用上还得需要一点智慧。小乔在邀请周瑜一起看韩剧的时候，还可以说，如果周瑜不陪她看韩剧，那她就叫曹操一起来看；如果周瑜答应这个周末跟她一起看韩剧，那以后不管什么时候有球赛，她都会陪周瑜去看。在这种情况之下，周瑜一定会非常乐意陪着小乔看韩剧的。

看韩剧，还是看球赛，智慧的博弈者完全可以把握最终的结果。

相对优势策略的组合：周瑜和小乔可以选择都去看球赛，或者两人都留在家中看韩剧，这种组合一旦一方发生改变，带来的幸福感没有相对优势策略大。

周瑜的策略

周瑜可以事先告诉小乔：“周末有场球赛，我已经买好票了，票很难买，咱们周末一起去看球赛吧？”这样一来，周瑜便有先发优势。小乔即使想看韩剧，也会考虑到周瑜的球票。票已经买好了，对于小乔来说，选择一起看球赛的纳什均衡是最优策略。

小乔的策略

如果周瑜不陪小乔看韩剧，那她就叫曹操一起来看；如果周瑜答应这个周末跟她一起看韩剧，那以后不管什么时候有球赛，她都会陪周瑜去看。在这种情况之下，周瑜一定会非常乐意陪着小乔看韩剧。

8 绝色“剩女”的烦恼

在“剩女”中，不乏被赞叹美貌的。但令人疑惑的是，这些漂亮的女孩却一直没有交男朋友。其实，这些女孩的爱慕者数不胜数，但是他们都有一个共同的想法：这么漂亮的女孩，怎么轮得到我来追？肯定有那些比我优秀的男人去追求她。于是这些爱慕者只能长叹一声，转而追求其他女孩去了。

经济学家中相传一个笑话：有一天，一个深受情感困惑的女孩到纽约观光，真的在华尔街上碰见了巴菲特。巴菲特看到这个女孩后，颇为心仪，但转念一想：这么漂亮的女孩，怎么轮得到我来追？肯定有那些比我年轻的小伙子，比如比尔·盖茨去追求她。于是巴菲特长叹一声，转而与结发老妻相伴去了。

漂亮女孩去微软公司面试时，巧遇比尔·盖茨。面对如此佳人，比尔·盖茨再也不能正襟危坐了，心中一阵激动，但转念一想：这么漂亮的女孩，怎么轮得到我来追？肯定有那些比我更强壮的阔佬，比如乔丹去追求她，于是比尔·盖茨长叹一声，继续埋头与司法部周旋。

漂亮女孩去观看篮球比赛时，邂逅飞人乔丹。面对如此佳人，乔丹岂能坐怀不乱？他的脑海中翻起千层浪，但冷静下来一想：这么漂亮的女孩，怎么轮得到我来追？肯定有那些比我更英俊的小伙，比如她的什么同学或同事，早就已经把她追到手了。于是乔丹长叹一声，转身来个空中走步。

俗话说：“好汉无好妻，赖汉娶个花枝女。”美女也有烦恼，而造成这种烦恼的原因就是信息不对称下的逆向选择。那些对漂亮女孩向往已久的崇拜者们之间、崇拜者和漂亮女孩之间都不能沟通信息。在大学校园里，我们也经常慨叹，一对对恋人是那么的不协调。这种结果就是逆向选择造成的。所以，在爱情婚姻“市场”上，当一个人是“买家”的时候，他就会想方设法地收集信息以避免逆向选择。但当他是“卖家”的时候，又会刻意隐瞒一些对自己不利的信息，而只把那些最出彩的精华部分提供给对方。因为爱情的“市场经济”也是契约经济，契约经济讲究合同关系，所谓合同，就是结婚证。以领取

结婚证的时间为界限，在这之前，所有的爱情都存在逆向选择的问题，也就是在契约达成之前，买卖双方总是想绞尽脑汁瞒骗对方。

不过，信息不对称导致的逆向选择有好也有坏，有利也有弊，它既保护我们也会伤害我们。因为在寻觅爱情，双方都会隐瞒自己的某些真实信息。而一旦两个人真正进入恋爱期的时候，一方爱上的并不是100%真实的另一方，而另一方也不可能爱上100%真实的一方。

但爱情里有时候需要故意的逆向选择，不是因为信息不对称，而是故意“反其道而行之”。这和穿衣服是一个道理。虽然今年流行长裙，有的人却选择一条超短裙，这时候的逆向选择可以避免潮流引领下的撞衫尴尬，可以凸显自己的标新立异，最大限度地吸引公众的眼球。爱情还是需要更多的诚实，哪怕是从经济学的角度分析，诚实也比不诚实的收益显著。

为什么有的男人不敢“追”美女

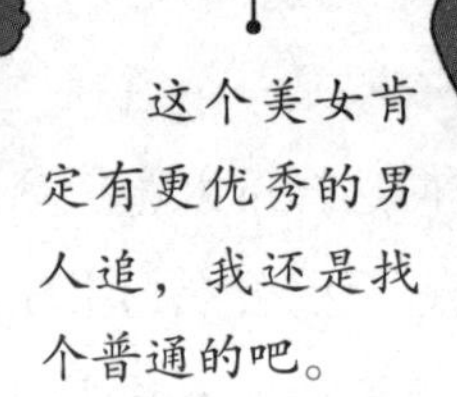

三种女人男人不敢追

太爱美的女人。

5分钟照一次镜子，10分钟梳一次头发的女人，让男人感到比拍电影还累。

女强人。她们应该有能力追到自己想要的男人。

不像女人的女人。

恐怕只有那些“大胆”的男人敢去追吧。

9 有没有一种智慧可以让恋爱不分手

重复博弈研究的是人与人之间的合作关系。对于整个人类社会而言，构建一个“熟人社会”，是促进人与人之间合作的一种有效策略，但这并不意味着只需构建一个“熟人社会”便万事皆休，人与人之间便不会有背叛发生。人性的复杂决定了我们在重复博弈的情况下还需采取其他的策略来保证合作，一报还一报策略就是其中的一种。

世界上的每对恋人都要承受未来不确定性的折磨：如果双方都不变心，那是最好的结局，在天成为比翼鸟，在地成为连理枝；如果都变了心，效果也不坏，“你走你的阳关道，我过我的独木桥”。如果一方变了心，另外找到了更好的情侣，另一方却还傻乎乎地忠贞不贰，那么，另觅新欢的一方是最幸福的，比两人都不变心的结果还幸福，因为他（她）找到了更好的情人；而被抛弃的一方是最不幸的，比两人都变心的结果更为不幸，因为他承担的压力既来自自己的不幸福，也来自对方的太幸福。那么，有没有一种方法能够消除这种不确定性的折磨，让两人都对彼此忠贞不贰从而换来一个好的结果呢?

人在恋爱的时候都爱发誓，他们希望通过“非你不嫁“和”非你不娶”之类的誓言让对方相信自己此情不渝。但事实上，一对恋人相互间的忠诚，不是靠这种情深爱笃的誓言，而是需要一定的博弈策略。在恋爱这场不太好玩的“游戏”中，谁能熟练地驾驭博弈规则，谁就是爱情的赢家。

很明显，胜利总是属于那些采取善意、强硬、宽容和简单明了的一报还一报策略的恋人们；反之，恶意的、软弱的、尖刻的、复杂的恋人们往往会两败俱伤。所以，对于正在恋爱中的人们来说，获得幸福爱情的博弈原则应该有以下几点：

第一，善意而不是恶意地对待恋人。

第二，强硬有原则而不是软弱无原则地对待恋人。要在“我永远爱你”的前提下，做到有爱必报，有恨也必报，“以其人之道，还治其人之身”。

比如对恋人与其他异性的亲热行为，要有极其强烈的敏感与零容忍的态度。当然，每次发脾气都是有限度的，而且还要在对方知错的情况下宽容对待。

第三，宽容而不是尖刻地对待恋人。幸福的恋人可能并不是忠贞不贰的，当然也不是见异思迁的，他们能够生活得愉快，关键是能够彼此宽容，宽容对方的缺点，甚至也宽容对方偶尔的不忠贞。

第四，简单明了而不是山环水绕地对待恋人。爱克斯罗德的实验证明，在博弈过程中，过分复杂的策略使得对手难以理解，无所适从，因而难以建立稳定的合作关系。

事实上，在一个重复博弈的环境里，城府深沉、兵不厌诈、揣着明白装糊涂，往往并非上策，相反，明晰的个性、简练的作风和坦诚的态度倒是制胜的要诀。要让恋人明白我们说的是什么，切忌让对方猜来猜去，以免造成误会。

提防恋人背叛未必能在恋爱中获胜，相反，对善意的、强硬的、宽容的、简单明了的一报还一报策略的把握和利用，才有可能获得地老天荒的爱情和白首偕老的婚姻。

可以看出，一报还一报策略可以促进人与人之间的合作，从而形成基于个体理性（利己动机）的集体理性结局，形成社会的道德共识。简单地说就是：你对我好，我就对你好；你对我不好，我也对你不好。我对你好，是为了你能继续对我好。我对你不好，不是睚眦必报的互相损害，而是要将对方重新拉回合作的轨道。

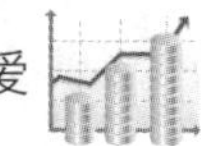

恋人之间的相处之道

学会包容

很多时候，摧毁婚姻的不是那些触犯原则的“大事”，一些不引人注意的细枝末节往往更具备杀伤力。要知道，和一个人在一起生活，不仅代表你要享受他的优点，更多的是要包容他的缺点，宽容他的过去。

学会信任

面对婚姻，我们通常的目标只有永远。也许只有信任才能给永远一个方向。

别把婚姻寄托在爱身上

再执著的爱情，它的生命力也不足四年。在合适的时间，有个适合的人，这样足够了。

别轻易要孩子

孩子，是希望，同时也是责任。如果还没学会承担，或者还不确定未来，千万别要孩子。另外，别梦想用孩子做纽带绑死婚姻，那对自己，对孩子都只是伤害和残忍。

学会失忆

无论婚前与别人的爱多么刻骨铭心、多么撕心裂肺，那已经是过去，不会再变成现实。

学会尊重

爱不爱他，都尊重他。当然，这是在他尊重你的前提下。没有尊严的婚姻，不可能幸福。

别忘记独立

不要轻易辞职。留点私房钱，以备不时之需。

学会交流

交流不是唠叨，这个尺度很难掌握，但总好过夫妻间的沉默。沉默，可以是妥协，也可以是蔑视，但更多是武器，可以轻易毁灭你们的感情。

接受他的家人

接受他的家人，人之常情。

别放弃美丽

婚后生活是把锉刀，很容易无声无息地锉毁你的容颜。别奢望谁会为这个而感动。小心保护自己，你会更有安全感。

别放弃自信

有时，自信是你最后的武器。

承担责任

婚姻把整个世界浓缩成两个人，应该承担起家中属于自己的责任。

第九章

商业篇

——投资与经营中的博弈

- >>> 股市中的博弈
- >>> 公司选址的经营之道
- >>> 企业之间的双赢之道
- >>> 与客户之间的良性互动
- >>> 现代版“庞氏骗局”
- >>> 如何找到正确的投资人
- >>> 创始人与合伙人的决裂
- >>> 大国商业的博弈

1 股市中的博弈

谈到投资与商业，我们最先想到的就是股市，股市中有着太多的商业与投资密码，而股市中的博弈也是对于股市的思考。在股市中，由于信息的不对等使散户在股市中面临着诸多诱惑与更大的挑战。就像博弈论中的囚徒困境一样，最具代表的就是以私募为代表的中小盘股票在高位出货，以公募基金为代表的大蓝筹站在有利的位置拉升股指，如果没有了机构来拉升股指，那更多的散户都会找不到出货的方向，站在博弈的角度来看，如果主流机构不帮助私募基金拉起指数，私募就会找不到出货的时机，接踵而来的就是因为横盘震荡所引发的资金链断裂问题。当私募为代表的中小盘出现问题时也就是主流机构大蓝筹的增幅开始。所以股市的博弈对非周期性的行业影响较大，因为非周期性行业的利润容易隐藏，不像周期性的行业可以通过短期的博弈达到目的。

股市中如果大户想要挣钱就要让其他小户在高点买入股票，然后杀价将他们套住，一步步逼他们做出取舍，大户也就达到了自己的目的，获取收益。

机构投资者之间的博弈

股市上的机构投资者会利用自身的各种资源来包装股票，低价时吸筹，高位时卖出。大的机构投资者虽然有实力操纵股价，但要连续拉升股价，还需要其他资金的进入与配合。这也就形成了机构投资者之间的博弈。

机构投资人之间的博弈是前期的博弈，在进入的时候便分出胜负。当股票市场价格处高位时如果机构投资人1号持有，这时另一位机构投资人2号选择进入，那这时机构投资人1号可以选择是否卖出。如果股票处于低位时机构投资人2号选择进入，投资人1号会考虑是否与机构投资人2号合作，利益驱使下的双方会做出不同的选择。下面是机构投资人1号与2号不同的选择。

2号 \ 1号	合作	不合作
合作	2，4	1，-3
不合作	-3，1	0，1

不同的抉择会导致最后结果的不同，在现实的股票市场上，机构投资者远远不止1号与2号，这些机构投资者们或资金实力不同，或信息来源渠道不同，所以最后博弈的结果也会因人而异。如果市场上的信息被盲目炒作，大量的散户就会盲目跟风市场交易量严重扩大，股票价格飙升，形成大量的股市泡沫。

机构投资者与散户之间的博弈

股票市场上，除了大户机构投资者外还有很多中小投资者，我们统称为散户。但是由于信息的不对等，往往处于劣势，加上本身资金实力的差异更加扩大了散户的危险。尽管散户数量众多，但由于风险偏好不同，所掌握的信息不同，对股价走势的看法不同，决定买卖方向很不一致，力量分散，所以大多会跟随机构投资者。大多散户会想在机构投资者出货之前卖出，在机构投资者拉升股票之后再购买该股。但是现实却给了散户们沉重的一棒，往往因为各种因素最后被陷阱套住。下面是散户与机构之间的博弈。

机构投资者 \ 散户	跟进	不跟进
跟进	4，1	3，3
不跟进	7，-1	0，0

现实生活中的股票市场上，散户很难从机构投资者手中拿到优惠，原因

是机构投资者与散户的信息不对等，机构投资者可以和上市公司保持联系获取大量内部信息，但是散户基本上是道听途说打探到一些小道消息，如果机构投资者可以和上市公司联合操纵股票，那么散户也只有任人宰割的命运。

如何避免股市的不明智选择

1. 要有自己的衡量标准，有用与无用，都要依靠个人的精准判断，个人的标准产生偏差，对最后的结果会产生巨大的影响。
2. 不要过于信任别人，不要盲目听信别人口中所说的优质股，更不要太懒了总想听人推荐合适的股票。这种依赖会导致你无法做出合适的判断。
3. 勇于实践，多学习，好比有人问你喝过醋吗？你连喝都没喝过，我说那是酸的，你就说那是酸的，并没有经过自己的亲身实践，只有你自己去尝试了喝，感受到真正的酸涩，才能使自己真正地成长。

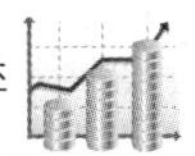

2 公司选址的经营之道

企业的经营从最开始的位置选择就十分重要，尤其是像以人流量为中心的餐馆、商超等。在生活中，通过我们的观察，就会发现在同一条街上两家超市经常会开在一起，同一个旅游景点的旅馆也会非常集中，这其中就隐藏着企业的经营之道。我们把一条街上的两个餐馆作为分析案例，甲乙两餐馆开在两个端点上，各占1 000m范围的顾客。第一次博弈如果甲餐馆向中间移动500m，它的顾客范围就变成了500+（1 500/2）=1 250m乙餐馆也发现了这个规律，也向中间移动了500m，二者的顾客范围重新变成了各自占据1 000m的顾客范围。第二次博弈：在原来基础上，甲餐馆继续移动1 000m位置，占据顾客范围成了：1 000+（1 000/2）=1 500m，于是乙餐馆继续跟着也移动了1 000m位置，两餐馆各占领1000m，经过多次博弈之后，两餐馆都到了中点处，都分得了1 000m的顾客范围。

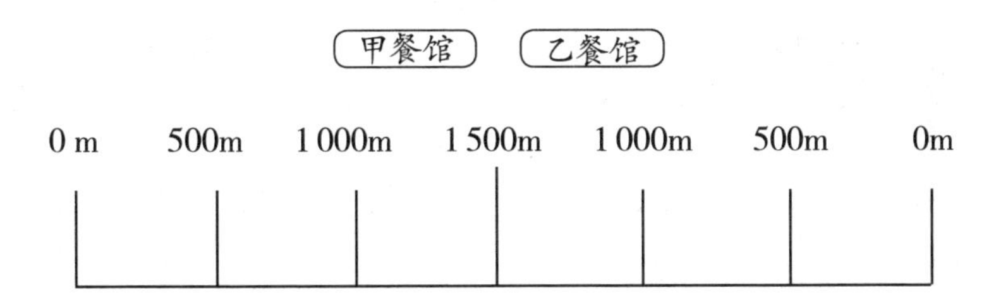

那为什么不在线上的500m和1 000m处选址呢，两家餐馆都可以获取部分客户，也不会有激烈的竞争？通过博弈的结果我们可以发现，两家餐馆如果有一家移动获得更多的客户，另一家也会不断移动获取更多的客源，这也是双方博弈的结果了。

通过这个案例我们就可以发现商家喜欢在同一地理位置开店，原因就是多次博弈的结果，如果以后谁要是开餐馆，一定要学习一些博弈论，帮助自己找到最优方法。使自己的利益最大化，做出最适合自己的决策。

从企业与个人看待公司经营

从企业角度看：

博弈论与现代企业的结合，帮助企业实现战略定位，找到合理的分配制度，公司内部制度，企业发展的规划等等。

从个人角度看：

博弈论通过个人的学习，从合作共赢的角度出发，互惠互利，换位思考，保证各方的利益达到均衡，才能走向良性的发展轨迹，达成帕累托最优。

3 企业之间的双赢之道

在各行各业中，同类行业的竞争非常激烈，甚至可以用惨烈来形容，在利益的驱使下同类行业会出现什摸样的问题呢？让我们从博弈的角度来看企业的双赢之道。

有两个公司甲和乙，如果甲乙公司合作，那么双方分别能得到100万元的利润，但是如果甲单独干而乙按照合作的规矩，甲可以得到150万元利润；如果乙单独干而甲按照合作的规矩出牌，乙也可得150万元的利润，甲乙都觉得自己单独干可得更多利润，结果双方都不愿意合作，只能得50万元利润。

甲公司 / 乙公司	合作	不合作
合作	100，100	150，0
不合作	0，150	50，50

同样还是这两家公司，由于业务的开展两家公司开始扩张，这时需要大量人才的引入，两家公司从一群没有任何技巧的人员当中雇佣员工。每家公司都要培训员工。培训可以提高产量100，但是对手可能把他们培训好的员工挖走-200。两家公司员工的生产量总是一样，他们如何通过挖人来与对手进行博弈的呢？

甲公司 / 乙公司	挖人	不挖
挖人	0，0	300，-200
不挖	-200，300	100，100

我们发现，挖人可以直接增加公司的产量。所以这时双方都要做自己的判断，要么达成协定，都不挖，要么就挖狠的。从博弈结果来看，双方不遵守约定的可能性无穷大，也就是双方都会比着挖人。

最后我们通过分析发现，甲乙两公司只有双方遵守承诺约定，通力合作，才能实现两个公司的共同目标。

企业之间联合的方法

俗话说：三个臭皮匠赛过诸葛亮，团结合作的力量往往是大于个人的。

1. 找到双方契合点	不同企业的异业联合需要找到双方最有价值的联合替代品。
2. 计划预期目标	在双方合作的同时一定要立定最终目标，这也是合作开展的重要一步。
3. 制定合理计划	一套可行的有效的计划可以是双方成功的关键。
4. 落实与实施计划	双方的计划实施开展会暴露出很多不同的问题，在这也是考量双方的一部分。
5. 后续问题的跟进	计划结束以后，要针对实施中的问题进行改善和跟进，避免不必要的损失。

4 与客户之间的良性互动

公司和客户也要本着互利互惠的原则，客户有需求向公司购买产品，公司向客户售卖产品获取利润，这样看来公司与客户之间是一种良性的博弈，同时也存在互补关系，如果公司的策略强而有力会使客户处于劣势，相反如果客户实力雄厚同样也会使公司处于劣势的状态。

公司与客户的博弈大多体现在价格的争论，首先来讲客户公司的价格争论会直接影响到公司的利润， 这是很多公司都要直面的问题，需求量大的客户是公司走向强势的必要条件，所以维护大客户以及与大客户的议价也就成了至关重要的问题，如果处理不善也会使公司处于被动的状态。

精明的客户会考虑成本控制的问题，同样的产品客户考虑到的并不是选择哪家公司，价格会是他们选择的第一要素，所以客户的选择余地非常大，货比三家买到最准确的商品，这样的话作为公司也要考虑到客户对于自家公司产品的依赖性，如何增加与客户的黏度是公司是走向强势的必备要素。精明的客户，具有丰富的购买信息，充分了解公司的定价体系，具有更大的议价能力。所以公司应该采取措施来化解客户的议价实力。产品差异化，产品的使用范围，获取更多的客户等方法也是企业与客户博弈的方法。通过这些措施能够很好地抵御客户的实力，使公司在和客户的博弈中获取更大的利益。

与客户的博弈也是一个长久的过程，一个成功的公司必须有针对性地管理客户，既满足客户的需求，同时又保持公司强大的竞争实力。

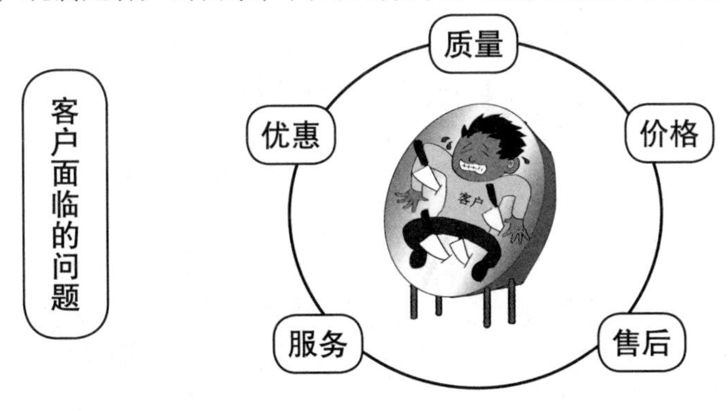

5 现代版“庞氏骗局”

2004年贾跃亭创立了乐视，之后一个个动人的故事使乐视获得大量的融资走上扩张的道路。2010年乐视上市，随之而来的又是大量资金的引入，新的融资使得乐视的扩张加剧，但是盲目扩张的背后却是以低价出售手机、电视等产品换来市场规模的急速增长。新的产品研发需要大量的资金，这也就意味着需要新的融资，这是一个没有结局的循环，新的投资人涌入就会有新的产品出现，一环套一环，如果这个链条中有某一项产品获得了成功，就可以用新的收入来填补产品亏损的价值。

在贾跃亭与投资人的博弈中，可以说是2014年的股票套现，使投资人处于非常尴尬的位置。最后承认乐视的亏损，并公开表示乐视资金不足。等到人们再看到贾跃亭的时候，他已经在另一端的美国打造自己新一轮的产品汽车。而当初答应给乐视的资金却没有到位，留下颤颤巍巍的乐视在风中摇曳。很多人说这就是一个庞氏骗局，他本来确实有可能成功的，乐视在没有崩盘之前，取得的那些成就也是实实在在的，是进入人们视野的。可能是他在资本的博弈中迷失了自己吧，博倒了投资人，博倒了乐视，却始终博不倒自己的命运。博弈的故事还在继续，新的产品能不能挽回他的命运我们也不能妄加推论。我们更加要清楚的是看清类似的“套路”。

庞氏骗局本身就是一个死局，但是贾跃亭的错误更像是博弈论中的协和谬误，乐视以新业务的融资补贴旧业务的亏损，不断地扩张，从无到有，从一变二，由二到十到无穷。而这些业务都是具有相关性的，不断地投资填补前期业务的亏损，没有回头路将错就错，从而形成了某种恶性循环。最终结果我们也可想而知。

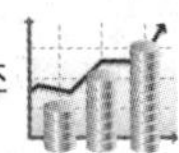

防止骗局的策略

防范，只有靠人们自己的警惕，而关键在于，不要贪心，不要以为天上会掉馅饼。不要相信成功人士的话，多去看他们失败的经历。但是，现代社会在金钱欲望的引导下，越是违背常理的赚钱大话，越是容易使人相信。对很多人来说，很大程度上，我们还会重复犯第二次。所以在初次受损的时候我们就要反思项目是否合理，在我们做认知的同时，也要扩充自己的知识面，对自己知识的投资永远不会亏损。

6 如何找到正确的投资人

创业者和投资人的博弈在于对估值的博弈。很多创业者希望自己的公司成为独角兽，而投资人则希望能够以更低的利润获取更高收益的溢价。创业者在估值的博弈中，满怀热血和对公司未来的期望，而投资人的套路则是拖延再拖延。套路之外，创业者和投资人真正要了解的是自己对公司估值预估。但是谁先出价也就意味着谁先亮出底牌处于劣势。

好比狼吃鹿，假设你是一头狼，你前面有一只鹿，你身后有100只狼。这时候你有两个选择：吃了这头鹿，不吃这头鹿。但如果你选择吃了这头鹿，你就会睡着。这时候排在你后面的狼A也有两个选择：吃了你，不吃你。但如果狼A选择吃了你，狼A就会睡着。这时候排在狼A后面的狼B也有两个选择：吃了狼A，不吃狼A……以此类推，问题来了，如果你是那只狼，你会选择吃掉前面的鹿吗？

投资与创业亦是如此，同样是风险与回报的一场博弈，融资的重点是找到正确的投资人。

市场上很多的投资人和投资机构并非我们想象的那样专业，创业者需要和投资人作更多的交流，在同一家投资机构中也有不同层次的人，而且人员的流动也会对资金产生变化。所以在投资行业里找到靠谱的投资人，也是至关重要的事情。

比如资产清算问题，如果公司意外倒闭，谁能先拿走剩余资产，所以投资人会优先选择资产分配的权利，以保障自己的利益。还有一票否决权和防稀释等条款，如果是投资人并不参与企业的经营，但是如何保障投资人的资产安全和投资的增值，这个也是对投资人的保护措施，我们也应该给予尊重。

所以在工作开展的同时，我们也要多沟通交流，多听取投资人发表的一些观点，是不是和你的理念相契合，是不是对你的做法认同，提出的问题是否合理等等，作为需求的一方，我们也需要和投资人进行更深入的探讨。

需要投资人怎样的投资

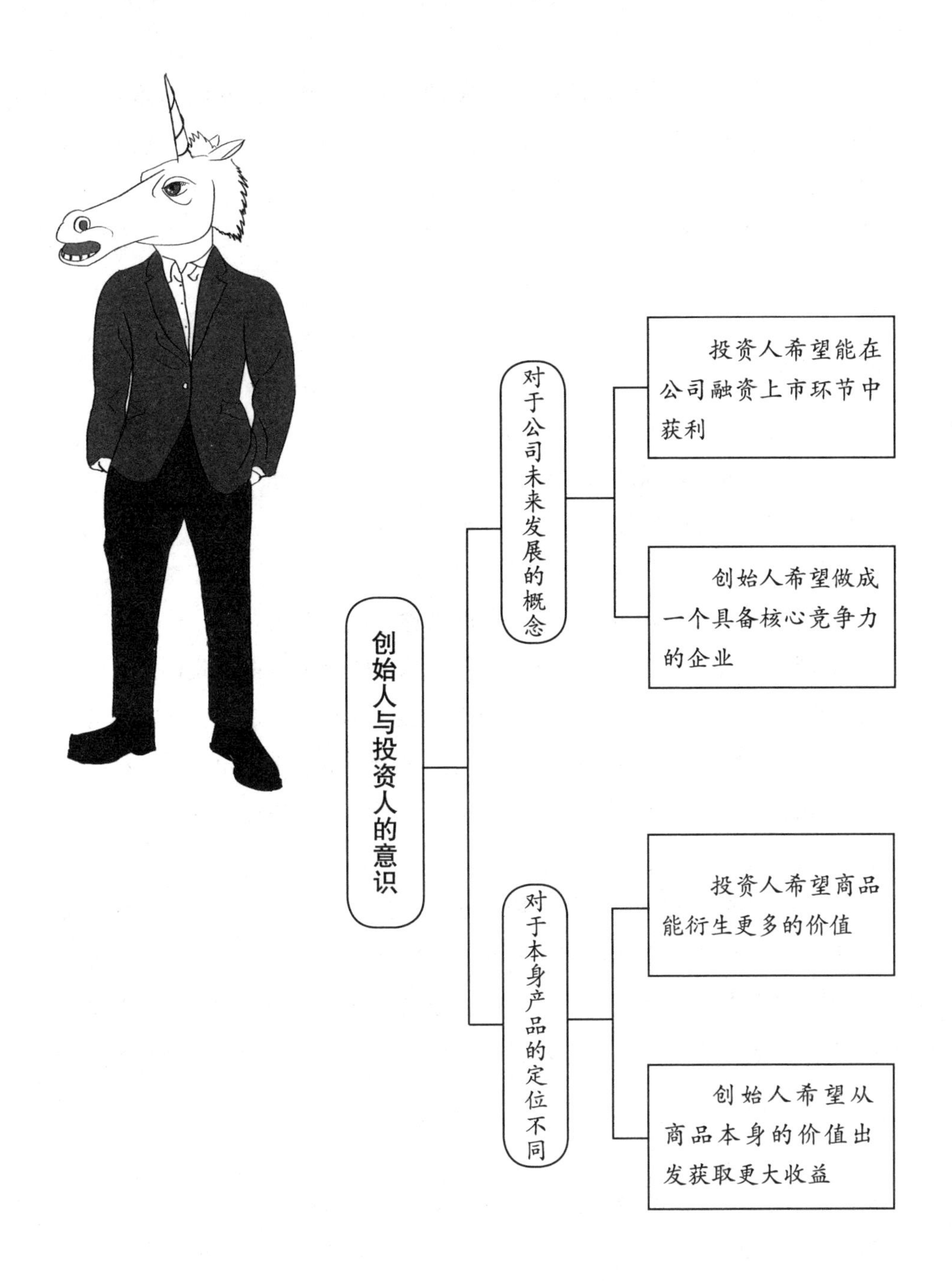
创始人与投资人的意识
对于公司未来发展的概念
投资人希望能在公司融资上市环节中获利
创始人希望做成一个具备核心竞争力的企业
对于本身产品的定位不同
投资人希望商品能衍生更多的价值
创始人希望从商品本身的价值出发获取更大收益

7 创始人与合伙人的决裂

在互联网的风口浪尖下涌现了很多的优秀创业者，这些创业者细心地发现了人们对于刚需产品的精准需求，逐渐从对客户的服务维护，用户变现等方面进行更多的策略，最后进行融资上市，改变了自己的命运。但是，这些大大小小的公司经过了利益分配的摧残，也难免和自己的创业伙伴产生分歧，创始人如何与合伙人进行博弈的呢？

最粗犷的方法，对合伙人进行名誉上的摧残，从合伙人的个人习惯与生活习惯挑毛病，吹毛求疵否认合伙人的工作成果，气走合伙人。

从公司绩效政策上做调整以绩效不达标无法胜任工作为名，师出有名。

年中公司分红，以公司无盈利为由，拒绝给合伙人相应的分红。

以公司面临倒闭风险为由，要求合伙人退出并承诺不必承担债务危机。

……

像这样的案例比比皆是，换个角度来想，假设合伙人从一开始就知道如果在盈利时，创始人就会出卖自己，他在出卖自己前一步先出卖创始人，反过来，创始人知道合伙人会提前出卖自己，也会在合伙人出卖自己之前出卖合伙人，最后倒推的结果，创始人与合伙人在一开始就选择互相出卖对方。

本来能实现共同盈利的双方，固执地为了自己的利益选择背信弃义最终都会不欢而散。

其实为了公司和平台发展大局，创始人与合伙人应该关起门来想问题，不能因为一些细微的问题就对对方产生排挤最后各种手段施压，进行逼迫。甚至引发公关事件，所以无论是谁挑起的商业战争都会让一切创业成果毁于一旦。身为创始人与合伙人都应该为对方考虑，多一些理智合理解决方案，避免最后的不愉快。

选择合伙人

1. 最好不要与熟识的朋友合作，利益的驱使会使人产生心理的变化，导致最后的不愉快。
2. 真诚相待，遵守互利互惠的公平性原则。
3. 做事立规矩，大大小小的协议合同都要白纸黑字写清楚，不要轻易听信“口头合作”。
4. 吃亏是福，选择合伙人不要选择过于较真的，尤其是涉及钱的问题。
5. 与能力互补的合伙人一起工作会轻松许多，找合伙人不单单是“找钱”。

8 大国商业的博弈

2018年3月，美国总统特朗普在白宫正式签署对华贸易备忘录，对从中国进口的600亿美元商品加征关税，宣布美国对中国航空航天、信息通信技术等高新技术产业进行封锁，以及减少中国对美国的投资，达到美国最优的政策。

同时中方也采取了同样的措施来，反击这一极具单边主义色彩的举动反击，美方无视中方加强知识产权保护的事实、无视世贸组织规则、无视广大业界的呼声，一意孤行的行为。

用囚徒困境的方法来解释中美贸易战，如下：

中国 美国	开战	不开战
开战	100，100	300，-100
不开战	-100，300	200，200

通过图中我们可以看到，如果美国对中国进行贸易战，那么中国开战收益为100，不开战收益为-100，所以中国选择迎战； 如果美国选择不开战，则中国开战收益为300，不开战收益为200，所以中国选择开战。从结果来看最后不管美国有没有对中国进行贸易战中国都会选择迎战，相反美国也会做出同样的选择，这也是一次均衡的结果。也就是说只要有一方选择进行贸易战，另一方一定会选择迎战。

趋于利益的关系，美国和中国的贸易战将会是一个长期的博弈过程。美方此举不利于中方利益，不利于美方利益，不利于全球利益，开创了一个非常恶劣的先例。任何情况下，中方都不会坐视自身合法权益受到损害，我们已做好充分准备，坚决捍卫自身合法利益。

贸易战的深远影响

基于长远的考虑要采取敌不动我不动的策略

- 如果美方一意孤行，破坏的不单单是贸易上的合作，还会影响两国之间发展的契机。
- 贸易战对于商业与投资的影响不可估量。
- 民众的生活水平以及生活质量都会大打折扣。
- 社会舆论以及民心不稳定。
- 对于股市来讲会产生更大影响，甚至诱发金融危机。